La résilience économique

Une chance de recommencement...

Alain Richemond

La résilience économique

Une chance de recommencement...

**Éditions
d'Organisation**

Éditions d'Organisation
1, rue Thénard
75240 Paris Cedex 05

Consultez notre site :
www.editions-organisation.com

Chez le même éditeur,

Denis ETTIGHOFFER, Gérard BLANC, *Du mal travailler au mal vivre*, 2003.

Christophe-Emmanuel LUCY, *L'odeur de l'argent sale*, 2003.

Catherine BECKER, *Du Ricard dans mon Coca*, 2002.

Brice MOULIN, *Sport, fric et strass*, 2002.

Michel GIFFARD, *Coaché !*, 2003.

© Éditions d'Organisation, 2003
ISBN : 2-7081-2927-9

Sommaire

Introduction : S'en sortir, mais comment ? IX

Chapitre 1 – chocs, crises, krach ! 1
Pour surmonter les épreuves économiques les condamnant « *a priori* »,
les individus, les organisations et les nations n'ont d'autre choix
que de déployer une capacité à rebondir, c'est-à-dire mobiliser une énergie
résiliente. Il leur faudra, entre autre, cesser de s'illusionner en bulles
spéculatives ou en rentes immuables. 3

Les arbres ne montent pas jusqu'au ciel 5
    La vengeance du cycle économique 6
    L'adaptation aux ruptures technologiques 27
    Les pays riches meurent aussi 33

Survivre aux ruptures professionnelles 44
    Quand perte d'emploi rime avec perte d'estime de soi 46
    Quand s'installe le déterminisme d'une condamnation
    économique 61

Chapitre 2 – Une chance de recommencement... 77
Pour passer d'un capitalisme cassant à un capitalisme résilient, plus souple
et apte à affronter l'adversité, il faudra miser sur la richesse de son potentiel
humain actuellement sous-utilisée et repenser la manière d'offrir plus
de chances de recommencement. 79

La résilience est une réponse au chaos économique 81

Le capitalisme : un exercice continu de résilience 106
    Pourquoi les ressources humaines ne sont pas infinies 121
    La résilience, une nouvelle source de richesse humaine 128
    Rendre l'économie moins cassante et plus agile 134

Chapitre 3 – s'approprier des stratégies de résilience 141

Pour raviver les braises de résilience, tant au niveau individuel que collectif, de ceux qui veulent s'en sortir mais demeurent coincés dans leurs difficultés, la condition impérative est de souffler dessus en apportant les éléments vitaux que sont l'estime de soi, la confiance, ou la reconnaissance de la créativité. 143

Exercer la résilience aux plans individuel et collectif 149

    Études de cas 151

    En situation d'incertitude, des prises de décision irrationnelles 183

    Les entreprises au pied du mur 192

Multiplier les possibles 200

    S'appuyer sur la reconnaissance du marché 202

    Développer la perception des potentiels 219

Conclusion : Vers une économie résiliente 227

« *Celui qui a de l'espoir voit le succès où d'autres voient l'échec, le soleil où d'autres voient les ténèbres et la tempête.* »

O.S. Marden

« *Il faut descendre très bas pour avoir la force de remonter.* »

Chant hassidique

À Lydie, Daphné, Raphaël et Mathias.

Un grand merci à Julie Bouillet pour sa relecture attentive et vigilante. Un remerciement particulier à la maison d'édition pour la vision que nous partageons du besoin de décrypter les jeux économiques à partir des comportements humains.

Introduction
S'en sortir, mais comment ?

La vie économique est loin d'être un long fleuve tranquille. Les entreprises trébuchent et la prospérité des nations n'est pas irréversible. Viviane Forrester[1] a dénoncé l'horreur économique qui résulte de cette vulnérabilité et qui, selon elle, gagne et frappe sans pitié. Or, l'économie ne se limite pas à une gigantesque machine à fabriquer de l'exclusion et du chômage. Notre monde, qui produit sept fois plus qu'il y a cent ans, permet de travailler moins, mais pas sept fois moins, car c'est aussi et surtout un monde où la circulation des biens, des personnes et des capitaux va sept fois plus vite. Les tenants de la « fin du travail » ne veulent voir que la face négative de cette évolution, celle d'un malheur permanent où le monde actuel apparaît chaque jour pire que le précédent. Quelle est la réalité de ce « malheur contemporain » ? Une sinistrose est entretenue alors que la population des pays industrialisés se trouve plutôt plus heureuse de son sort qu'elle ne pouvait l'être dans le passé. Si le monde actuel est loin d'être parfait, il est plutôt plus agréable à vivre que le précédent, et la somme des « malheurs » économiques rapportée aux progrès accumulés semble bien relative.

Toutefois, il est vrai que l'accélération du progrès tend à multiplier les phases de transition qui se traduisent par des réallocations brutales de ressources touchant en priorité l'emploi. Dans les pays développés, les relations d'emplois deviennent plus individuelles. Face au rythme des changements imposés par l'économie, les réponses individuelles

© Éditions d'organisation

---

1. Viviane Forrester, *L'horreur économique*, Fayard, 1996.

sont très différentes dans le temps et en fonction des circonstances, y compris pour un même individu. Face à la nécessité de surmonter une crise ou les conséquences d'une rupture technologique, les réponses des entreprises ne seront pas non plus identiques. Alors que leur existence est menacée, certaines entreprises (résilientes) trouveront le ressort indispensable à leur renouveau. D'autres ne se relèveront pas. Cette « **destruction créatrice** », dont Joseph Schumpeter voyait l'un des fondements du capitalisme, **que serait-elle sans la résilience des hommes à dépasser des situations aux pronostics les plus incertains pour accepter de nouveaux risques et continuer à entreprendre ? Le concept de résilience s'applique aux individus, aux organisations et aux nations qui mobilisent leurs énergies pour surmonter les épreuves économiques les condamnant «** *a priori* **».** Alors que « *le capitalisme brise sur son passage le destin de ceux que les progrès techniques rendent brutalement inutiles* »[2], ne voyons-nous pas surgir parmi ces *condamnés* des hommes, des entreprises ou des économies qui parviennent à échapper à leur mort annoncée ?

La résilience de ces « condamnés » est un moteur économique essentiel, sauf qu'ils ne sont qu'une poignée à réussir. Pourquoi ? Pour une raison simple, nous sommes dans une économie qui casse et qui exclut, pas une économie qui multiplie les chances de recommencement. Abandonnés à leur sort, beaucoup plongent dans une exclusion durable. **Peu à peu, le coût de cette perte de ressources humaines pousse à repenser les manières de ramener vers le monde du travail ceux qui en ont été rejetés...** Le capitalisme, qui a longtemps et largement fonctionné en s'appuyant sur une ressource humaine considérée comme infinie, ne peut plus faire « l'économie » d'une gestion plus attentive de son potentiel humain (car, dans les pays

---

2. Daniel Cohen, *Nos temps modernes*, Flammarion, 1999.

industrialisés dont la population active est en voie de vieillissement, le rejet des jeunes et des plus de cinquante ans devrait accroître les tensions déjà perceptibles sur le marché de l'emploi. Dès lors, toute mise hors-jeu d'individus non immédiatement productifs, qui se ferait sans déclencher une action les conduisant à la reprise d'une activité, accentuerait ce gaspillage de ressources humaines).

Quand l'estime de soi a été mise à mal, le sentiment d'être inutile s'enracine. Le défaut de reconnaissance de la valeur et des compétences des individus pèse lourd. **Pourtant, cette reconnaissance est l'une des clés de leur résilience. Il faut lui permettre de s'épanouir en créant les conditions favorisant son expression économique dans le cadre de l'entreprise et hors de ce cadre. La connaissance des comportements qui permettent la résilience a besoin d'être approfondie pour qu'ils soient mieux identifiés et reconnus.** À l'heure où les outils de partage des connaissances se développent dans les entreprises pour les rendre plus créatives et souples, où la gestion du changement vise une adaptation plus rapide des hommes, comment l'entreprise négocie-t-elle les accidents de terrain qu'elle rencontre ? Quelles résolutions prend-elle pour être plus résiliente, voire pour offrir des occasions de résilience à ceux qui doivent la quitter ? Ces interrogations interviennent alors que le périmètre de l'entreprise est de moins en moins marqué et que se développent de nouvelles formes de collaborations.

Pour survivre dans un monde non-linéaire, il faut adopter des stratégies non-linéaires[3] qui laissent une place plus grande aux capacités créatives. Dans un contexte économique où ils seraient donnés battus, seuls survivront ceux qui sauront comment se reconstruire en

---

3. Gottlieb Guntern, *Les 7 règles d'or de la créativité*, Village Mondial, 2001.

mobilisant ce potentiel. En permettant à un plus large nombre de saisir leurs possibles, en croyant à leur sens des initiatives et à leur intelligence, nous passerons d'un capitalisme cassant à un capitalisme résilient, c'est-à-dire plus souple et agile, donc plus apte à affronter l'adversité en misant sur la richesse de son potentiel humain.

La résilience est un terme emprunté à la physique pour exprimer l'élasticité des matériaux ; élasticité qui leur permet de retrouver leur aspect initial après avoir absorbé un effort plus ou moins important. Au-delà de cette limite, ils se déforment ou cassent. La résistance des matériaux aux chocs et à la pression a été par analogie étendue à l'homme dans sa capacité à dépasser une situation critique, de lui résister et de lui survivre. Peut-on étendre cette notion aux comportements des acteurs économiques qui affrontent un monde économique qui brise et exclut ? Quel nouveau regard la résilience nous permet-elle de porter sur le fonctionnement d'une économie moderne plus tendue, mais que l'on souhaite plus agile et moins cassante ?

Chapitre 1

CHOCS, CRISES, KRACH !

Pour surmonter les épreuves économiques les condamnant « *a priori* », les individus, les organisations et les nations n'ont d'autre choix que de déployer une capacité à rebondir, c'est-à-dire mobiliser une énergie résiliente. Il leur faudra, entre autre, cesser de s'illusionner en bulles spéculatives ou en rentes immuables.

« Alors nous changerons notre regard sur le malheur et, malgré la souffrance, nous chercherons la merveille. »

Boris CYRULNIK,
Un merveilleux malheur, 1999.

La croissance économique est loin d'être linéaire. S'il est confortable d'extrapoler les périodes de prospérité pour penser qu'elles sont installées à jamais, c'est oublier que la croissance demeure fragile. L'économie est faite de cycles plus ou moins longs d'expansion et de récession, de périodes fastes et de déclins. La richesse des nations n'est pas acquise, elle est encore moins irréversible. Il y a un siècle, l'essor des échanges commerciaux, des flux financiers et humains paraissait inéluctable. En 1910, la mondialisation était une réalité ; la part des exportations dans le PIB de la France était de 18 % et, après le recul provoqué par la Première Guerre mondiale et les crises successives des années 20 et 30, il faudra attendre le milieu des années 70 pour retrouver ce niveau d'internationalisation.

L'entreprise est d'abord un risque, celui que prend l'entrepreneur pour créer et développer son projet et dont la contrepartie attendue est le profit. En prenant de l'expérience et du poids, l'entreprise s'attache à réduire ses risques. Cependant, ils ne disparaissent pas. Les concurrents s'activent, la technologie évolue et les clients changent leurs comportements d'achat. L'entreprise doit en permanence apprivoiser un environnement incertain pour créer de la valeur pour ses clients, ses actionnaires et ses employés. Il arrive aussi qu'elle trébuche.

En conséquence, les parcours professionnels sont plus chaotiques. De moins en moins tracés et garantis, ces parcours exigent souplesse et endurance. Pour l'adulte, le travail est un lieu de confrontation avec lui-même et avec ses semblables et il est évident de constater qu'au cours de sa vie professionnelle, l'homme ne sort pas à « tous les coups » vainqueur de cette confrontation. Selon les circonstances, l'état d'esprit, l'expérience acquise, les termes de ce combat évoluent. Le travail est source d'épanouissement, sauf quand il devient une cause trop lourde de tensions qui influent sur la vie personnelle.

Les acteurs économiques sont en permanence confrontés au souci de s'adapter aux ruptures qui marquent la croissance, les technologies et le travail. Quels progrès ont-ils fait pour les anticiper et les surmonter ? Si de nombreux risques ont pu être mutualisés et régulés, quels sont les aléas qui appellent de leur part un comportement résilient ? Jusqu'où ont-ils accepté la réalité d'un monde économique dont le cours ne s'apparente pas à un long fleuve tranquille ?

Les arbres ne montent pas jusqu'au ciel

Vouloir s'illusionner

Un effet d'illusion constant affecte les acteurs économiques qui anticipent avec difficulté les aléas auxquels ils peuvent être confrontés. Cet effet d'illusion rend plus brutales les corrections économiques ou financières qui s'imposent en raison d'une attitude plus passive face aux événements. Certes la vie économique est faite de risques et de sanctions, mais les sanctions positives laissent moins de souvenirs que les corrections négatives et celles-ci tendent à être rapidement mises de côté. La précipitation des acteurs économiques à percevoir, dès les premiers signes de croissance, une expansion sans fin traduit leur inclination à s'illusionner sur la réalité de leur avenir économique.

Pourtant, le principe de réalité veut qu'une entreprise qui accumule des pertes disparaisse ; qu'un employé dont la compétence

5

est dépassée ait peu de chance de conserver son emploi ; enfin, qu'une économie qui perd ses avantages comparatifs décline. L'accélération de la vie économique se traduit par des remises en cause plus fréquentes des modèles économiques des entreprises comme des compétences des individus. Plus globalement, on apprend de l'étude de la spécialisation internationale comment la concurrence place les pays dans un défi constant pour améliorer et conserver leurs atouts compétitifs. Ceux qui se reposent sur leurs avantages acquis[1] voient leur position internationale s'éroder. À terme, c'est leur part de richesse produite au plan mondial qui est sanctionnée. Bien que confrontés à ces réalités, les hommes, les entreprises et les nations entretiennent pourtant l'illusion que leur bien-être, une fois conquis, ne sera plus jamais remis en question. Cela rend certainement plus difficile l'adaptation aux changements et aux ruptures qui marquent leur vie économique.

La vengeance du cycle économique

L'annonce de la disparition des cycles économiques a été quelque peu hâtive. Il était tentant de croire que dix ans d'expansion continue de l'économie américaine pouvaient ouvrir, avec le changement de siècle, un temps économique exemplaire. Les nouvelles technologies, en offrant des moyens d'ajustement plus immédiats, devaient permettre de lisser pour toujours les accidents de conjoncture. Si les cycles économiques n'ont pas disparu, l'illusion qu'ils peuvent être gommés demeure. En fait, plus les cycles d'expansion sont longs, plus la croyance qu'ils dureront s'installe. Les

---

1. Gérard Lafay, Colette Herzog, Commerce international : *La fin des avantages acquis*, Economica, 1989.

anticipations, qui guident les comportements économiques en privilégiant les informations les plus récentes, entretiennent le sentiment que les périodes de prospérité, une fois installées, le seront pour longtemps.

Le cycle est souvent décrit comme une respiration normale de l'activité, mais il arrive aussi que la respiration se bloque. La croissance économique est fragile, comme le montre l'exemple récent de l'Argentine qui traverse une crise sans précédent. Aux États-Unis, le sentiment que la croissance ne pouvait pas être remise en question a entretenu une confiance aveugle des acteurs économiques. Après le mirage de la « nouvelle économie », la récession de l'année 2001-2002 apparaît bien comme une « vengeance » du cycle économique. Le retournement de l'activité bât en brèche l'idée que les récessions étaient désormais du passé. L'espoir de l'arrivée d'une ère nouvelle de croissance continue est profondément déçu. L'une des conséquences de cette désillusion est le basculement d'un optimisme béat vers un pessimisme exagéré.

Les bulles spéculatives traduisent cet emballement de la confiance exagérément accordée à la valorisation d'un actif. L'éclatement de ces « bulles » est d'autant plus douloureux que les excès auront été grands. Une frénésie s'empare des acteurs qui, pris dans une spirale irrationnelle, écartent toute éventualité de retournements des marchés. L'idée, qui veut que l'on puisse vendre plus cher demain ce que l'on a acheté aujourd'hui, transforme ces marchés en véritable « casino ». Pris à leur propre jeu, et en se rassurant de suivre le consensus du moment, les investisseurs oublient que « les arbres ne montent pas jusqu'au ciel ». Cette fuite en avant s'achève dans l'opulence pour ceux qui vendent avant le krach et dans le chaos pour ceux qui attendent un jour de trop. La bulle spéculative qui a touché l'immobilier au Japon il y a dix ans n'est toujours pas apurée et ses conséquences freinent toujours les tentatives de reprise économique de ce pays. De même, l'euphorie en faveur des valeurs technologiques a laissé la place à une grande méfiance.

L'installation d'une réalité en trompe-l'œil trouble le jeu des acteurs dont les comportements s'agglutinent. Des consensus se forment, et il est toujours difficile, voire risqué, d'aller contre cette unanimité affichée des marchés. Un analyste américain appartenant à une grande banque française en a fait l'expérience douloureuse lorsqu'il a émis un avis défavorable sur le cours d'Enron au mois de juillet 2001, soit trois mois avant la faillite de l'entreprise. Il a été licencié. Son diagnostic, pourtant juste, ne s'accordait pas avec le consensus du moment. Ceux qui ne veulent recevoir en reflet que l'approbation de leur propre choix ont une écoute sélective. Pourtant, depuis toujours les hommes ont cherché à percer l'avenir pour tenter de réduire leurs aléas économiques. De tout temps, oracles, devins et prévisionnistes ont été interrogés. L'interprétation par Joseph des rêves du Pharaon constitue l'une des premières prévisions du cycle économique dans une société organisée ; à partir de la vision de sept années de vaches grasses, suivies de sept années de vaches maigres, l'Égypte a pu anticiper la famine par la création de stocks massifs de céréales. Les autres peuples de la région qui sont accourus en Égypte pour se nourrir ont vécu leur propre absence d'anticipation comme une vengeance divine.

Ne pouvant prévoir avec certitude les ruptures économiques, les hommes ont mis en place des outils de régulation de plus en plus précis pour en atténuer les effets ou pour en amortir les chocs. Deux idées simples dominent, celle d'accompagner le plus long-temps possible le cycle de croissance et celle de créer un environ-nement favorable à sa reprise. Dans l'attente de l'arrivée des conditions qui permettront le retour à la croissance, l'entretien de

La volonté de croire à un monde économique sans heurts revient périodiquement, comme le montre la croyance récente dans la « nouvelle économie » dont l'apport technologique devait modifier les anciens jeux économiques.

la flamme économique s'avère essentiel. Les banques centrales ont progressivement assumé ce rôle par une gestion fine des taux d'intérêt. Pour ne prendre qu'un exemple, au cours de l'année 2001 la FED (la banque fédérale américaine) a baissé onze fois ses taux directeurs pour entretenir une activité économique déclinante. L'exercice est périlleux, car ces baisses successives peuvent provoquer un autre danger, qui est celui de la déflation (baisse conjuguée de l'activité et des prix). En effet, des taux d'intérêt faibles, les plus bas depuis des décennies, sont une condition nécessaire, mais pas suffisante pour justifier un recours au crédit des entreprises et des ménages. En général, une montée brutale des risques financiers freine la distribution de crédits (*credit crunch*) renforçant ainsi un effet déflationniste. Quand les perspectives de croissance et la confiance disparaissent, le moteur se grippe faute d'horizon favorable. Quand les perspectives apparaissent trop brillantes, le moteur s'emballe. Les hommes sont sensibles aux signes économiques ou financiers dont ils tentent de percer le sens : trop confiants, ils n'échappent pas au piège des bulles spéculatives ; trop sceptiques et prudents, ils contribuent à généraliser la contraction, en particulier celle de la consommation.

Entre illusion et excès de prudence, les acteurs économiques cherchent des repères et une perception plus juste de la réalité pour exercer leurs choix. Des chocs soudains, comme le quadruplement du prix du pétrole au milieu des années 70, ou comme les attentats du 11 septembre provoquent des bouleversements imprévisibles et violents. Les attaques du 11 septembre frappent le peuple américain qui se pensait à l'abri du terrorisme sur son territoire. Le coup est rude, mais les ménages américains parviennent à absorber assez rapidement le choc économique des attaques terroristes. Dès le mois de septembre 2001, leur taux d'épargne grimpe à 4,7 %, soit le plus haut niveau de l'année. Dès le mois suivant, les ménages se ressaisissent et dépensent plus largement, tandis qu'ils y étaient incités par la forte baisse du coût du crédit à la consommation. Le paradoxe (que l'on retrouve en Europe) est que si le niveau de confiance des ménages s'est redressé, celui des industriels a continué de chuter. Ces derniers avaient perçu, depuis plusieurs mois, les premiers signes de ralentissement de l'activité. En contrepartie, dès les premiers signes de reprise, l'offre réagit vite, le rythme des créations d'emplois s'accélère, sortant momentanément l'économie américaine de la récession. L'économie réelle a résisté au premier choc des attentats.

La sphère réelle sera toutefois vite rattrapée par les excès qui, dans le même temps, secouent la sphère financière avec la crise qui s'ouvre au sujet des comptes trompeurs d'Enron et de Worldcom. Le système, pris en défaut de transparence, vacille et, contrairement aux périodes antérieures de reprise économique, les marchés financiers plongent entraînant l'économie dans le risque d'une nouvelle récession, voire d'une déflation si, comme au Japon, les entreprises endettées venaient à brader leur patrimoine immobilier. Comment en est-on arrivé là ? L'explosion conjuguée du crédit et des cours boursiers du début des années 90, dans un contexte de maîtrise de l'inflation, a fait croire à une hausse « infinie » des profits. Cette croyance dans un cycle, désormais éradiqué, justifie tous les excès, y compris celui de tricher sur la véracité des comptes pour entretenir l'ascension continue des cours de Bourse. Le rêve d'un monde économique idéal, sans ruptures, est si fort qu'il poussera à encourager la mise en place d'un mécano comptable et financier de plus en plus sophistiqué, mais dont l'unique objectif était de dissoudre les dettes et de maintenir artificiellement la valorisation des titres des entreprises. Cette valorisation a joué un rôle fondamental pour amplifier le mouvement de croissance externe à des prix de plus en plus élevés, qui renforçaient la valeur boursière de l'acquéreur

11

tout en lui permettant le paiement des acquisitions par échange d'actions ou par un surcroît d'endettement. À l'échelle planétaire, la généralisation de ces comportements a créée un fragile château de cartes reposant sur une hausse factice des cours de Bourse. Cet exercice d'illusion aura certes été l'œuvre de quelques-uns, mais l'illusion aura été entretenue par tous les acteurs de la vie financière trop conjointement intéressés à croire dans cette présentation erronée des réalités (des banques en passant par les auditeurs et jusqu'à la presse financière). Selon Michel Aglietta « *les marchés financiers sont vulnérables à des croyances autoréalisatrices* »[2], la communauté des investisseurs financiers forme un univers réflexif dans lequel personne n'a intérêt à jouer les trouble-fêtes.

La volonté de croire à un monde économique sans heurts revient périodiquement, comme le montre la croyance récente dans la « nouvelle économie » dont l'apport technologique devait modifier les anciens jeux économiques, et celle, il y a un siècle et demi, liée à la période d'engouement pour les chemins de fer[3] au Royaume-Uni qui devait marquer une ère nouvelle :

> « *1844-1846, La Grande-Bretagne est gagnée par la folie des chemins de fer. En trois mois, 1200 projets de lignes de chemin de fer émergent. Les investisseurs affluent et les titres flambent. La presse parle d'un **nouvel âge** permis par l'arrivée du transport ferroviaire : « **où le monde entier sera devenu une grande famille, parlant la même langue, respectant les mêmes lois et adorant le même Dieu** ».*
> *En 1848, la désillusion est complète quand la « bulle » éclate et que seule une vingtaine de sociétés survivent au krach boursier* ».

---

2. « Derrière la débâcle boursière, une folle spirale », *Le Monde*, 2 octobre 2002.
3. *Le Monde*, Janvier 2000.

Dans un tel contexte, le retournement brutal de l'activité et des marchés, avec les difficultés qui l'accompagnent, est vécu avec d'autant plus de désillusion que la « fuite en avant » dans une espérance économique trompeuse aura été élevée. La rupture n'est pas une simple correction des marchés, mais bien une secousse générale. La multiplication, puis la division, par dix des cours boursiers en l'espace de quelques mois montrent la violence de ces mouvements. L'écroulement du « château de cartes » révèle le poids des contraintes financières intenables qui pèsent sur des groupes comme Vivendi Universal ou France Télécom (70 milliards d'€ de dettes) obligés de tailler dans leurs actifs pour alimenter une trésorerie défaillante.

En peu de temps, la destruction massive d'actifs entraîne une cascade de revers de fortunes d'investisseurs qui paradoxalement étaient les premiers à croire dans l'arrivée de nouveaux progrès économiques[4]. La volatilisation de l'effet de richesse des actionnaires ayant investi dans les valeurs technologiques et la faillite de nombreuses « start-ups » n'est pas un phénomène récent lié à l'éclatement de la bulle Internet.

Le graphique ci-dessous indique que l'introduction des principales innovations qui ont changé notre vie économique a toujours été marquée par de fortes poussées spéculatives. L'évolution du cours moyen des actions sur le marché américain entre 1785 et 2001 indique que les pics concernent l'introduction des chemins de fer, du téléphone, des ampoules électriques, de la radiodiffusion, des ordinateurs et de l'internet. La hausse excessive des cours traduit l'engouement des investisseurs. Une fois cette poussée spéculative retombée, les cours se stabilisent, mais en dessous de leur niveau

---

4. « Keeping cool about tech stocks », *International Herald Tribune*, 6-7 avril 2002.
« Tech stocks : keep your shirt on, *International Herald Tribune* », 6-7 avril 2002.

d'introduction. La reprise de leur ascension se fera sur des bases différentes et avec des acteurs différents.

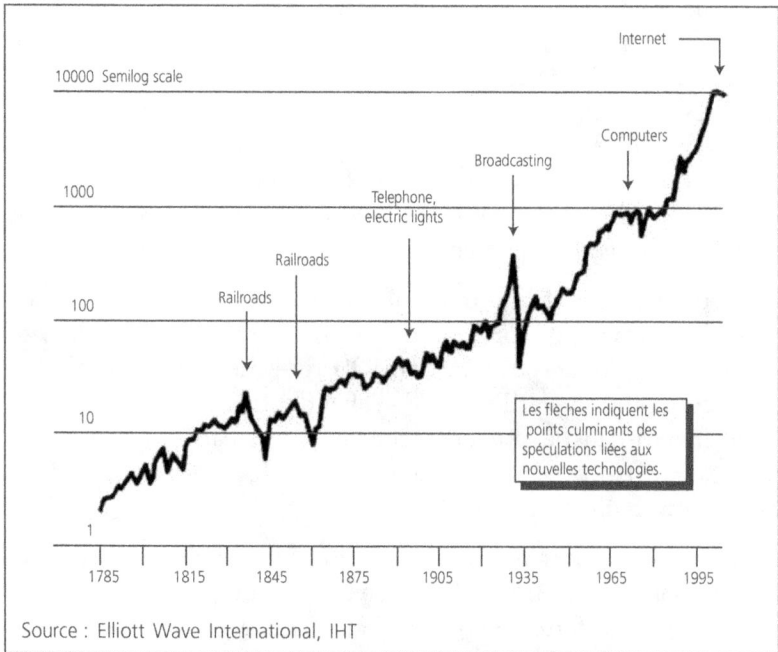

Source : Elliott Wave International, IHT

À chaque époque, et avec une belle constance, on observe que les nouvelles technologies sont accueillies avec tellement d'enthousiasme que les investisseurs perdent vite tout comportement rationnel. Figurant parmi les premiers à saisir la portée des innovations, ils en surestiment les retombées économiques, et leur rêve s'achève alors souvent dans la déception. Depuis 1785, l'émergence de nouvelles technologies s'est toujours traduite par la formation de bulles spéculatives. La

© Éditions d'organisation

technologie a régulièrement servi de vecteur aux anticipations « autoréalisatrices » des marchés. La perception que les nouvelles technologies pourraient ne pas être immédiatement rentables échappe au raisonnement. La mémoire des difficultés qu'ont connues les premières entreprises de chemin de fer ou du téléphone avec des crises de financement et des dépôts de bilan semble avoir été effacée. Dans l'euphorie ambiante, les investisseurs accordent une foi exagérée aux prévisions de demande, comme aux prévisions de profit, qui intègrent rarement l'idée, somme toute triviale, selon laquelle la montée de la concurrence pèsera sur les prix et que la conquête de nouveaux marchés fera supporter des coûts plus élevés aux entreprises de ces nouveaux secteurs. À quoi s'ajoute la difficulté des investisseurs, comme des entreprises, à satisfaire un décollage rapide de la demande des nouveaux produits et services sans d'éventuelles tensions sur l'offre. Un exemple : les supermarchés en ligne se sont heurtés au casse-tête des livraisons express et de la logistique ; dans certains cas, les bouteilles d'eau et de lait, qui ne pouvaient être livrées dans les délais, l'ont été en taxi et avec des fleurs… Le plus surprenant, c'est que cette déconnexion avec les réalités, comme avec les bonnes vieilles règles économiques, a été complètement assumée, voire proclamée : la *nouvelle économie* ne prétendait-elle pas rendre tous les raisonnements anciens désuets et inappropriés à la compréhension des nouveaux enjeux ? Les investisseurs, séduits par cette nouvelle croyance qui renforçait leurs choix, se sont retrouvés piégés par l'éclatement de la bulle technologique, dont ils ont pourtant tout fait pour ignorer la formation et l'issue fatale.

De nombreux acteurs participent à cette mise en scène des marchés qui conduit à la formation de cette croyance partagée. Parmi eux, les gestionnaires des fonds de valeurs technologiques ont joué un rôle moteur dans cette dynamique. Aujourd'hui, ils admettent volontiers qu'ils ont accepté de payer des prix exorbitants

15

les titres des nouvelles entreprises du Net. Ils avouent qu'ils avaient abandonné leurs réflexes traditionnels en pensant, de toute bonne foi, que cette fois-ci les choses seraient vraiment différentes. Interrogés, les gestionnaires de fonds reconnaissent qu'ils vivent avec l'inquiétude constante de réaliser des performances inférieures à celles de leurs concurrents et que cette peur les contraint à coller au mouvement général. Cet élan uniforme et inconditionnel contribue à la formation de consensus ascensionnels qui s'étendent aux autres acteurs économiques. Ils confortent les précurseurs, les entrepreneurs comme les investisseurs, dont la déconvenue sera totale. Victimes de leurs propres croyances, pris dans une spirale qui leur échappe, ils subissent de plein fouet le retournement des marchés.

Quand la raison reprend ses droits, on engage les investisseurs à plus de lucidité en leur expliquant comment se méfier et survivre aux excès des marchés. Le tableau ci-dessous, paru dans un journal américain, donne quelques conseils de bon sens qui montrent combien les règles d'investissement les plus élémentaires peuvent être oubliées quand l'euphorie se généralise.

À l'image des matériaux,
dont l'élasticité a ses limites,
il arrive que les hommes et
les entreprises plient sous trop de pression,
capitulent et s'effondrent.
La résilience ne peut s'exprimer
que dans des circonstances particulières qui,
lorsqu'elles ne sont pas réunies,
ou quand le poids des événements
est trop lourd à porter,
provoquent une cassure irrémédiable.

> ### Recommandations faites aux investisseurs qui veulent éviter de prendre de plein fouet l'éclatement d'une bulle spéculative
>
> **Méfiez-vous :**
>
> - n'exprimez aucun enthousiasme pour une économie en forte expansion par l'achat d'un titre en vogue et cher.
> - ne suivez pas aveuglément les conseils des gestionnaires qui sont trop marqués par le consensus du moment.
> - ne vous débarrassez pas d'actions d'industries ayant un potentiel à long terme, même si la valeur peut apparaître surévaluée aujourd'hui.
>
> **À faire :**
>
> - privilégiez les entreprises dont le management a montré de fortes capacités d'adaptation au changement d'environnement économique.
> - surveillez les dépenses d'investissement qui indiquent une volonté de croissance.
> - rappelez-vous que même dans une nouvelle industrie, les « vieilles » règles économiques d'évaluation de la valeur continuent de s'appliquer.
>
> Source : *International Herald Tribune*

Réagir aux ruptures économiques

Ces poussées irrationnelles montrent à quel point les réalités économiques peuvent être passagèrement ignorées. Entre l'incertitude liée à l'activité et l'illusion entretenue par la poussée des nouvelles technologies, on comprend les difficultés des dirigeants d'entreprises à bien saisir les réalités de leur environnement économique et à y faire face. Le retournement de cycle, après une longue période d'expansion, pose par exemple un vrai problème de management. L'expérience des dirigeants se révèle alors cruciale « *Some of the world's biggest companies are essentially children of the good times, with no corporate memory of how to ride out a downturn* »[5]. Ainsi, il y aurait un style de management approprié à chaque phase du cycle que traverse l'entreprise. Après une période de croissance, l'arrivée soudaine d'une récession ne permet pas un changement immédiat de direction. Une étude du cabinet Bain indique que seulement 20% des présidents en place lors de l'arrivée de la récession 2001-2002 occupaient ce poste au cours de la précédente récession du début des années 90. La mémoire du management de crise s'est effacée avec le temps, alors que la plupart des dirigeants n'ont eu à gérer leur entreprise que dans la phase d'expansion. Alors, quand un changement d'équipe dirigeante s'impose, certaines entreprises font revenir leurs « seniors » qui ont traversé les difficultés des années 90. Tel est le cas de Bob Lutz qui, bien qu'à la retraite, est revenu piloter les opérations américaines de General Motors en pleine récession. Lors de la précédente récession du début des années 90, Bob Lutz avait déjà contribué au redressement et à la survie du constructeur américain.

L'impact économique de la récession est loin d'être uniformément réparti. Certaines entreprises souffrent plus que d'autres, mais pas nécessairement dans les mêmes secteurs, ni même dans quelques secteurs particulièrement exposés. Une enquête menée au Royaume-Uni montre que les récessions tendent à accentuer les différences entre entreprises, plus qu'elles n'affectent des secteurs particuliers[6]. Il ressort également de cette enquête que le ralentissement de l'activité

---

5. « De grandes entreprises mondiales n'ont connu que la prospérité, sans mémoire sur la manière de négocier une récession »
6. Paul Geroski, Paul Gregg, *Coping with Recession : UK company performance in adversity*, Cambridge University Press, 1997.

économique apparaît comme un révélateur puissant de la pertinence des stratégies individuelles des entreprises.

Traditionnellement, les périodes de sortie de récession offrent des occasions d'acquisition ou de fusion avec des concurrents moins compétents, voire fragilisés. Les auteurs relèvent qu'une des faiblesses des entreprises est souvent liée au comportement de leurs dirigeants, qui portés par l'euphorie ambiante de la croissance veulent croire à leur invincibilité. Ils y sont encouragés par une armée d'analystes, de banquiers et de consultants qui, avec le relais de la presse, leur enlèvent toute crainte d'échec. Quand le cycle se retourne, ces dirigeants se retrouvent seuls face aux difficultés qu'ils semblent découvrir, en porte-à-faux par rapport aux réalités de leurs marchés, et donc mal préparés à y faire face. Confrontés à des choix drastiques, ils adoptent alors parfois une attitude cassante qui n'est pas la plus appropriée et qui fragilise leur entreprise. En fait, que le cycle soit haut ou bas, une règle voudrait que l'entreprise soit toujours prête à réagir. Cette agilité à faire face à toutes les éventualités forme la base d'un nouveau style managérial en réaction aux comportements euphoriques des années passées.

Ces défauts d'anticipation et de préparation expliquent les écarts qui se creusent entre les entreprises dans les périodes de contraction de l'activité. Au cours des récessions des années 80 et 90, seulement 60 % des activités économiques ont été touchées[7] aux États-Unis. Cela signifie que 40 % des activités ont résisté à la crise (tels les secteurs des plats préparés ou des cosmétiques), alors que d'autres étaient sinistrées comme le tourisme. Dans un même secteur, le tableau peut être hétérogène comme le montre, au milieu de sites de vente e-commerce en faillite, un site comme eBay qui réussit

---

7. Étude cabinet Bain, 2002.

brillamment avec un chiffre d'affaires en hausse de 64 %, et un profit en hausse de 8,7 % en pleine récession (au cours du dernier trimestre 2001). Dans un autre domaine, celui du transport aérien, des entreprises reconnues disparaissent (faillite de Swissair, Sabena), tandis que les « *low-cost* » comme Ryanair et EasyJet progressent. Les changements de cycle constituent l'épreuve du feu des entreprises et de leur management. Dans un monde qui va plus vite, les faux pas sont sanctionnés sans délais par des concurrents qui s'activent, des actionnaires qui veillent à la valeur de leurs actifs et des clients dont les comportements d'achat doivent être désormais suivis en temps réel.

Quand la perception des réalités fait défaut, que les décisions sont mal préparées ou qu'elles sont prises trop tard, les ajustements sont plus douloureux. Ce n'est pas parce que l'exercice de prévision demeure aléatoire qu'il ne doive pas être tenté, ni que l'entreprise puisse être prête à affronter tout changement soudain de son activité. Dans une économie de marché, la faillite sanctionne la mauvaise gestion de l'entreprise. Face à cette menace, les décisions les plus sévères sont souvent prises dans l'urgence et quand la situation devient critique. Quand l'activité est au plus haut, la surveillance régulière des coûts de fonctionnement, qui relève d'une gestion prudente, se relâche ; cela explique que les mesures radicales soient souvent prises au plus bas du cycle. Cette erreur de gestion a été dénoncée : « *Il n'y a rien de scandaleux à alléger les charges de fonctionnement, au besoin en licenciant, même si l'entreprise fait des profits. Attendre que les profits aient disparu revient à agir trop tard et conduit bien souvent à la faillite* »[8]. Le manque d'anticipation accroît le coût financier, humain et social de la sanction économique.

© Éditions d'organisation

---

8. Charles Wyplosz, « Affronter enfin les défis économiques », *Le Monde*, 6 mai 2002.

21

La course à la réduction de coûts se fait alors souvent dans une grande confusion et de manière brutale. C'est par message téléphonique et dans la hâte que des employés de Cap Gemini[9] ont été informés de leur licenciement. De tels comportements représentent un choc pour ceux qu'ils affectent directement et entretiennent un malaise profond chez ceux qui restent dans l'entreprise et dont on cherche à mobiliser les énergies. Les précédentes récessions ont laissé un goût amer, car si dans les périodes fastes les entreprises affirment volontiers leur souci d'entretenir une relation fidèle et loyale avec leurs employés, dans les périodes de recul d'activité leurs comportements sont tout autres. Le brusque retournement de conjoncture du début des années 90 a renforcé le désarroi des salariés. Selon Cary Cooper : *« les entreprises doivent rétablir un lien contractuel clair qui s'est détérioré lors de la précédente récession des années 90 »*[10]. Il est en effet frappant de voir comment s'est développé le cynisme des jeunes générations face à l'emploi et à leur employeur aux cours des dernières années de croissance. Les plus doués se sont joués de la surenchère que se sont livrées les entreprises pour attirer les talents à coups de *« welcome bonus »*, de cadeaux et de stock-options. Sans scrupules, ces jeunes ont montré peu de fidélité à leur entreprise. La manière dont leurs propres parents ont été traités au cours des précédentes récessions a certainement laissé de mauvais souvenirs...

En réponse à chaque nouveau défi créé par l'arrivée d'une crise économique, les dirigeants d'entreprises sont en quête de nouvelles idées de management. Après la récession de l'année 1979 aux États-Unis, Tom Peters et Robert Waterman ont publié le fameux *« In search of excellence »* montrant que des entreprises

---

9. *The Economist*, 9 mars 2002.
10. Cary Cooper, Professeur à la *Manchester School of Management*, « Survey Back to Basics », *The Economist*, Mars 2002.

Les récessions tendent à accentuer les différences entre entreprises, plus qu'elles n'affectent des secteurs particuliers. Par ailleurs, le ralentissement de l'activité économique apparaît comme un révélateur puissant de la pertinence des stratégies individuelles des entreprises.

japonaises n'avaient pas l'exclusivité des performances économiques. Ce livre a redonné espoir à une génération de patrons inquiets de leur survie face au succès des entreprises nipponnes. Après la récession de 1990-1991, le concept dominant a été le « reengineering », rendu célèbre par Michael Hammer et James Champy. La remise à plat, puis la redéfinition des processus de production et de distribution devaient être la source d'importants gisements de productivité. Malentendu ou facilité, les entreprises ont cherché ces gains principalement dans la seule réduction du nombre de leurs employés, faisant de l'emploi l'une de leur principale variable d'ajustement. Le concept de Michael Hammer et James Champy a été déformé et son application s'est traduite par des réorganisations frénétiques et mal vécues par les employés. En fait, leur propos était de trouver des formes plus subtiles d'ajustement, faites d'une combinaison de réduction de coûts et d'investissements productifs pour adapter l'entreprise. Aujourd'hui, cette idée qui est remise au goût du jour[11] affirme que la meilleure manière de conduire le destin d'une entreprise est fondée sur une gestion plus transparente, une gestion plus économe et surtout une gestion renforçant la capacité de l'entreprise à faire face toutes les éventualités qu'elles soient bonnes ou mauvaises. L'idée de rendre l'entreprise plus flexible et agile n'est pas nouvelle, en revanche les dirigeants prennent conscience que sa concrétisation passe par une préparation quotidienne de l'entreprise. Certes l'ajustement au changement est d'abord une question de volonté et de vision (vista) du dirigeant, mais l'entreprise doit aussi être prête à adhérer et à mettre en œuvre ce changement. Michel Albert[12] évoque

---

11. *ibid.*
12. Entretien avec Michel Albert, ancien Président des AGF, membre du conseil Monétaire de la Banque de France, 12 avril 2002.

© Éditions d'organisation

son expérience de patron : « *Quand j'ai pris la présidence des AGF, un de mes premiers soucis a été de gérer une rupture majeure du métier d'assureur. Nous devions conduire le passage du métier d'assureur de dommages à celui d'assureur de personnes lié au décollage de l'assurance vie. Avant de prendre une quelconque décision, j'ai passé plusieurs mois au contact des équipes et dans les régions. Notre évolution passait par une forte réduction des effectifs et j'ai trouvé en interne des gens d'une très grande qualité humaine pour comprendre nos nouveaux objectifs et rechercher les meilleures voies pour y parvenir. Nous sommes parvenus à réduire les effectifs de 20% en quelques années, tandis que, dans le même temps, les AGF multipliaient par trois leur chiffre d'affaires. Cette gestion souple et intelligente d'une rupture pourtant majeure nous a permis de positionner l'entreprise comme un acteur puissant de l'assurance vie, mais sans grandes tensions internes* ».

Si les entreprises ne peuvent prévoir les aléas qui risquent d'affecter leurs activités, elles peuvent tenter d'en amortir le choc. L'intérêt des nouveaux systèmes d'informations, est de favoriser une gestion plus juste des grandes fonctions de l'entreprise, comme la gestion du cycle du produit, des achats, de la relation aux clients, ou de la gestion de la chaîne logistique. Par extension, l'organisation des flux au sein des entreprises et entre les entreprises fonctionne en relation plus tendue, mais aussi de manière plus ajustée au rythme de l'activité. L'échange immédiat d'informations coordonne en temps réel les flux financiers, l'adaptation de la production aux besoins des clients, les niveaux de stocks, etc. Dans une *économie en réseau*[13], les circuits de décisions étant plus courts, les adaptations s'effectuent de manière plus instantanées. Ces nouveaux outils d'optimisation

---

13. Alain Richemond, Chroniques hebdomadaires de l'économie en réseau, Radio Diora News, 2000-2002.

© Éditions d'organisation

des relations d'échange, de production et de distribution réduisent les à-coups, comme par exemple ceux qui existent sur les variations de stocks (cf. graphique du ratio niveaux de stocks sur chiffre d'affaires pour l'ensemble des entreprises américaines).

Rapport du niveau de stocks sur le chiffre d'affaires aux États-Unis : 1990 - 1999
(Data Adjusted for seasonal, holiday, and trading-day differences but not for price changes.)

Une information mieux partagée entre les acteurs de la chaîne de valeur aide à lisser leurs ajustements, contribue à une plus grande souplesse des comportements et accroît la concurrence (donc les baisses de prix). C'est cette perspective qui a fait dire aux partisans de la « nouvelle économie » que la technologie concourait à stabiliser l'économie et à éradiquer le cycle.

La promesse affichée des nouveaux outils de gestion (ERP) de l'entreprise était d'apporter rapidement cette nouvelle souplesse. Les promesses des fabricants de systèmes d'informations et les croyances des dirigeants d'entreprises ont été, ici aussi, bien supérieures aux réalités. Après des débuts médiocres, les difficultés technologiques tendent à être réglées, et il reste à réussir l'adaptation des hommes au déploiement de cet ensemble de nouveaux systèmes d'informations destinés à optimiser toutes les fonctions de l'entreprise. Cela touche plusieurs domaines prioritaires d'intervention que sont la formation, la gestion dynamique des compétences et la gestion par la performance qui offre de nouveaux moyens d'adhésion individuelle aux objectifs collectifs de l'entreprise. Ces approches seront développées plus loin.

Pour disposer d'une entreprise souple et agile, qui soit à la fois compétitive et « allégée », leur dirigeant doivent avoir un souci permanent de recherche d'économies. La maîtrise des coûts n'est pas réservée aux périodes d'adversité. Un pilotage fin de tous les postes de dépenses – y compris dans les périodes fastes – s'impose pour ne pas être contraint à des sacrifices plus grands pendant les périodes de ralentissement d'activité. Une plus forte responsabilisation de tous les collaborateurs à tous les stades du cycle de vie de l'entreprise est un atout. Ainsi, les décisions les plus graves, comme celle de réduire l'emploi, peuvent être prises sans « casser » l'élan de l'entreprise.

Dans une grande entreprise de conseil (Accenture), des dirigeants ont mis en place des formules ingénieuses consistant à négocier, pendant le ralentissement, des années sabbatiques et des réductions de salaires afin d'alléger la structure, tout en veillant à conserver une relation avec leurs meilleurs éléments pour pouvoir en disposer dès la reprise d'activité... et surtout, plus vite que leurs concurrents !

L'adaptation aux ruptures technologiques

Sur la longue période, les grands mouvements de la croissance mondiale correspondent à l'introduction d'innovations qui ont transformé les modes de vie ainsi que les modes de communication et de production. La première révolution industrielle est née d'une invention, la machine à vapeur exploitant le charbon comme source d'énergie, qui a permis l'apparition d'un nouveau mode de transport et de communication : le chemin de fer. Celui-ci va détrôner les modes traditionnels de transport et surtout faire disparaître une économie fondée sur le transport équestre. Le Royaume-Uni, premier pays à innover dans le chemin de fer et la navigation à vapeur, devient l'économie dominante, dont la monnaie s'impose dans les échanges comme la monnaie de référence internationale. Au début du XXe siècle, une nouvelle invention, celle du moteur à explosion, qui exploite le pétrole comme source d'énergie, voit le jour. Elle donne naissance au mode de communication automobile. Les États-Unis prennent la place du Royaume-Uni comme économie dominante au plan mondial et le dollar comme monnaie internationale.

Les mouvements longs de l'économie mondiale ne sont cependant pas linéaires. Des accidents de parcours les jalonnent. La surproduction industrielle et le manque d'outils de régulation macroéconomique provoquent, comme en 1921 et 1929, des crises et des faillites retentissantes dont l'opinion publique retiendra l'image de suicides de banquiers à Wall Street ; image qui restera gravée dans les mémoires. Cependant, c'est en plein cataclysme économique que perce une entreprise, IBM, qui invente les premières machines mécaniques de calcul, amorçant ainsi la prochaine révolution industrielle.

Les délais de production industrielle et de diffusion des innovations dans l'économie sont longs. Ce n'est qu'à la fin des années 70 que l'on parlera de la troisième révolution industrielle qui est celle des nouvelles technologies de l'information et de la communication. Une vive concurrence oppose les États-Unis, l'Europe et le Japon pour en maîtriser les clés : puissance des ordinateurs, numérisation des contenus, mise en réseau d'informations, capacité de traitement, exploitation d'Internet, convergence entre télécommunication, télévision et moyens informatiques, etc. À la fin des années 90, le secteur des technologies de l'information et de la communication occupe un poids croissant dans le PIB et les échanges. On estime que ce poids est équivalent à celui qu'occupaient au cours des années 60, les industries mécaniques et l'automobile. En 2001, un quart de la croissance européenne[14] viendrait de la diffusion des nouvelles technologies dans l'économie. Le paradoxe de Solow[15] est levé, une relation de fond s'impose entre technologies de l'information et productivité.

Aux États-Unis, la croissance de la productivité reste supérieure (2 %) à la croissance tendancielle (1,4 %) indiquant qu'un doublement du revenu national américain ne se ferait non plus en cinquante ans, mais en trente-cinq ans.

Bien que l'économie mondiale soit portée par cette révolution numérique, une crise survient et bouleverse le paysage au début de l'année 2001. L'enthousiasme en faveur des nouvelles technologies prend des proportions irrationnelles, la spéculation atteint des records et le retournement des marchés provoque un choc.

L'idée dominante était que, si l'on voulait bénéficier de l'avantage offert au « *first mover* », il fallait forcer les étapes et compter le temps, non plus en année de 365 jours, comme dans « l'ancienne économie », mais en « année-chien », soit sept ans d'une année normale dans la « nouvelle économie ». La course à la création de modèles économiques les plus audacieux s'est accélérée, entretenant

---

14. Alain Richemond, « Baromètre de l'Économie Européenne en Réseau », Arthur Andersen, Juin 2000, Juillet 2001.
15. Robert Solow, prix Nobel d'économie, a mis en évidence le décalage entre l'informatisation de la société et les gains de productivité.

une bulle spéculative qui a éclaté en mars 2001. Comme dans le cas de l'éclatement de la bulle spéculative qui a touché le chemin de fer au Royaume-Uni en 1848, cet épisode ne remettra pas en question la diffusion des nouvelles technologies dans l'économie. En revanche, l'éclatement de la bulle laissera des séquelles principalement aux investisseurs malchanceux ou béats (il était courant de voir des taux de capitalisation représenter quatre-vingt dix à cent fois le chiffre d'affaires des sociétés sans que quiconque ne s'inquiète du risque que cela pouvait poser), aux dirigeants des « start-ups » devenues des « *start down* » et aux salariés ayant perdu leur emploi après une aventure aussi passionnante qu'éphémère. Les ruptures technologiques bouleversent le jeu des acteurs économiques. Les précurseurs ne sont pas assurés de réussir, les investisseurs craignent des avancées trop rapides comme des reculs trop soudains des marchés, enfin les entreprises existantes doivent mettre en place une politique de veille puis d'innovation pour tirer rapidement les atouts de nouvelles technologies. Leur survie est bien souvent liée à leur capacité à innover.

La disparition de Moulinex a ému les Français. Les effets de la mondialisation et le *dumping* des coûts salariaux dans les pays asiatiques sont montrés d'un doigt accusateur. Une réflexion sur les causes réelles de ce drame industriel apporte[16] un éclairage sur la manière dont une entreprise survit dans l'économie contemporaine. Une idée reçue tenace veut que « *... les entreprises meurent parce qu'elles ont des coûts de production trop élevés. On confond le mécanisme et la cause de la défaillance* ». Les entreprises ne meurent que parce que leur conception de l'offre a été défaillante, c'est-à-dire en raison de leur incapacité à répondre aux nouveaux besoins et attentes des

---

16. Armand Hatchuel, professeur à l'École des Mines de Paris, *Le Monde*, Février 2002.

*Les ruptures technologiques bouleversent
le jeu des acteurs économiques ;
les précurseurs ne sont pas assurés de réussir,
les investisseurs craignent des avancées trop
rapides comme des reculs trop soudains
des marchés, enfin les entreprises existantes
doivent mettre en place une politique de veille
puis d'innovation pour tirer rapidement
les atouts de nouvelles technologies.*

clients. Seule une démarche créative continue assure la survie de l'entreprise par le maintien de ses avantages concurrentiels.

Le résultat n'est jamais acquis par avance. Le succès d'une innovation ou d'une conception nouvelle ne se concrétise que lorsque les clients en reconnaissent l'intérêt. Ce sont la mise sur le marché puis leur décision d'achat qui décident de la survie de l'entreprise. L'entreprise a une responsabilité majeure pour que cette sanction demeure positive. Sa capacité d'innovation, créatrice de valeur, donc de profits et d'emplois est clairement posée. Les dirigeants et les responsables de produits, marketing, design, recherche partagent cette responsabilité directement liée à la justification de l'existence même de l'entreprise. Entre 1974 et 1993, Tefal (filiale du groupe SEB), une entreprise qui est confrontée aux mêmes conditions de concurrence que Moulinex, a mis en place sous la responsabilité de son dirigeant Paul Rivier un modèle d'expansion fondé sur « l'innovation répétée ». Ce groupe est l'un de ceux qui viennent de reprendre des activités de Moulinex. La survie des entreprises passe par une adaptation permanente aux nouvelles attentes des marchés et donc par une politique d'innovation continue.

Dans les phases d'accélération du progrès technique, le changement devrait être considéré par les entreprises comme un état permanent pour survivre. L'attitude qui consiste à s'adapter au changement selon un processus séquentiel ou par crises successives a des effets plus brusques, et oblige à des corrections plus difficiles. Dans le domaine de l'innovation, le changement relève d'un processus d'investissement et d'apprentissage régulier et continu. L'entreprise et toute son organisation sont placées sous tension permanente. Le concept d'organisation apprenante, qui est fondé sur une pratique de gestion des connaissances, de partage de l'information, de motivation des équipes à rechercher de nouvelles sources de valeur, caractérise bien cette nécessaire transformation continue de l'entreprise pour faire face aux ruptures technologiques.

Les pays riches meurent aussi

L'idée répandue que la croissance est acquise pour toujours relève de l'illusion. Jean Boissonnat, en observateur attentif de la vie économique, rappelle que : *« les pays riches meurent aussi »*[17]. Il en veut pour preuve la récente crise argentine dont la fragilité du développement est une leçon à méditer. Au début du XXe siècle, l'Argentine appartient au cercle restreint des pays à hauts revenus ; son niveau de vie est par exemple plus élevé que celui de l'Italie à cette époque. L'expérience péroniste d'après-guerre remettra en question l'essor argentin. D'autres nations ont bien failli connaître une situation identique, comme la Grande-Bretagne dont la croissance s'est enrayée au cours de la décennie 1960-1970. Dans certains cas, les moteurs de la croissance se mettent à fonctionner à l'envers, entraînant le pays sur la voie du déclin. L'arrivée de Margaret Thatcher, qui a pourtant été marquée par la mise en place de mesures drastiques, aura permis à la Grande-Bretagne de reprendre son rang parmi les pays en expansion. Selon Jean Boissonnat *« aucun pays n'est à l'abri d'une telle mésaventure »*. Quels sont les facteurs qui peuvent enclencher de tels enchaînements économiques et sociaux négatifs ?

Un premier facteur est de considérer toute richesse acquise comme définitive. Un pays qui bénéficie d'une situation de rente économique ne peut considérer qu'elle est acquise pour toujours. De nombreuses nations qui possèdent, comme l'Argentine, d'importantes richesses

---

17. Jean Boissonnat, « Les pays riches meurent aussi », *L'Expansion*, 23 janvier 2002.

naturelles se sentent à l'abri de tout accident économique. Les pays du Moyen-Orient producteurs de pétrole se satisfont de leur rente pétrolière sans chercher à élargir leur modèle de croissance à d'autres activités. Ces rentes, qu'elles soient d'origine naturelles ou technologiques, sont fragiles et surtout créent l'illusion d'une prospérité irréversible.

Le second facteur concerne les conséquences sociales de la gestion de la monnaie dont les contrecoups pour la population ne sont pas à sous-estimer. Ainsi, si on gère mal la monnaie, c'est tout un peuple qui peut être durablement affecté[18]. Le lien fixe entre le peso et le dollar a certes permis de faire reculer l'inflation, mais le défaut de rigueur budgétaire, de contrôle des dépenses publiques, de fermeté dans les rentrées fiscales et de freins à l'évasion des capitaux n'auront pas permis d'en tirer tous les avantages. L'écroulement de la monnaie traduit alors celui de l'économie déclenchant une véritable explosion sociale.

Les pays qui sont prisonniers de leurs certitudes et de leur croyance dans une rente assurée connaissent de réelles difficultés d'adaptation et de sursaut. Le chemin qui mène à la richesse n'est pas à sens unique, il est réversible.

La faillite de l'économie planifiée, qui devait apporter prospérité et paix sociale, a ouvert un immense chantier économique dans les anciens pays du bloc soviétique, pour effectuer le passage du plan au marché. Les pays qui avaient conservé une mémoire économique de l'ère antérieure à la Seconde Guerre mondiale ont été plus prompts à ranimer des mécanismes de marché. Pour les autres, le passage à l'économie de marché a été plus long et complexe. Leur renouveau économique constitue certainement un cas de résilience, alors que

---

18. Jean Boissonnat, *ibid.*

leur avenir économique était condamné par la rigidité de la planification. Appelé au chevet de l'économie polonaise dès 1989, Jeffrey Sachs, célèbre économiste de Harvard, illustrait l'état de délabrement économique de la Pologne en demandant la différence entre un zloty et un dollar. La réponse était : un dollar ! Sa priorité a été d'agir sur les prix, la concurrence et le rétablissement d'une monnaie stable.

La BERD a joué un rôle significatif pour accélérer cette transition en privilégiant une action au niveau le plus microéconomique pour réintroduire les mécanismes de marché. Le cas de la création du marché des pièces détachées d'autobus entre la Hongrie et la ville de Saint-Pétersbourg illustre cette action. La ville de Saint-Pétersbourg disposait à la chute du régime soviétique d'un énorme stock d'autobus en panne. La logique du plan voulait qu'ils ne soient pas réparés, mais remplacés. Le maire de Saint-Pétersbourg souhaitait pouvoir valoriser ce stock et s'est adressé à la BERD pour obtenir son appui. Les autobus étaient fabriqués en Hongrie et rien ne prévoyait la production et la distribution de pièces détachées de seconde monte. La BERD a permis aux Hongrois de répondre à cette demande en identifiant les pièces, en fixant leurs prix et en imaginant des circuits de distribution. Une fois réparés, les autobus de Saint-Pétersbourg ont été revendus, créant ainsi un marché d'autobus d'occasion intéressant pour de nombreuses villes russes et un marché de pièces détachées. La réintroduction de mécanismes de marché a permis de libérer des activités économiques qui étaient étouffées, voire inexistantes, en privilégiant le niveau le plus fin. Ainsi, les moteurs économiques qui jouaient de manière négative ont pu être inversés.

Le commerce international sert de révélateur de la compétitivité des nations. Leurs avantages comparatifs leur permettent de capter une plus ou moins grande part de la richesse produite au plan mondial. Dans une économie mondiale marquée par une forte concurrence, qui s'exerce sur les marchés nationaux comme sur les marchés tiers, aucune position ne peut être considérée comme acquise. De la fin des années 60 à la fin des années 90, le Japon était présenté comme un modèle de spécialisation particulièrement efficace[19], avant que la montée du yen et la poussée des importations ne viennent contrecarrer la compétitivité des entreprises japonaises. Parmi les pays qui ont connu ou connaissent de graves crises de compétitivité, certains parviennent à entreprendre un redressement spectaculaire, tandis que d'autres s'enfoncent dans les difficultés. Il faut comprendre qu'un sursaut touchant la spécialisation inter-nationale d'un pays est le résultat d'un mouvement profond de transformation de ses activités économiques qui passe par une mobi-lisation efficace des ressources financières en vue d'orienter les inves-tissements dans des secteurs à forte demande mondiale. Enfin, ce sursaut exige aussi une adhésion forte des salariés aux nouveaux objectifs pour acquérir les techniques indispensables. De plus, pour que ces changements soient perceptibles dans les statistiques macro-économiques, ces efforts doivent être soutenus et s'inscrire dans une perspective de moyen, voire de long terme.

Les observations qui peuvent être effectuées sur la spécialisation du Mexique et de l'Argentine offrent des exemples de leur capacité de résilience internationale.

---

19. Gérard Lafay, Colette Herzog, *op. cit.*

*Il faut comprendre qu'un sursaut touchant
la spécialisation internationale d'un pays
est le résultat d'un mouvement profond
de transformation de ses activités économiques
qui passe par une mobilisation efficace
des ressources financières en vue d'orienter
les investissements dans des secteurs
à forte demande mondiale.*

La résilience internationale du Mexique

Au début des années 80, la spécialisation du Mexique se caractérise par une forte polarisation autour de son principal avantage comparatif, l'extraction pétrolière. À cette époque, le Mexique connaît l'une de ses crises financières les plus graves. La volonté de se détacher d'une dépendance exclusive vis-à-vis des marchés pétroliers engage le pays dans une recomposition complète de la structure de sa spécialisation internationale. Le graphique ci-dessous illustre le mouvement croisé qui se met en place entre une spécialisation énergétique qui décroît fortement de 1982 à 2000, tandis que, dans le même temps, les trois pôles que sont la construction automobile, les produits électroniques et les constructions électriques progressent nettement. Le Mexique refuse une insertion internationale qui ne repose que sur l'acquis d'un avantage lié au pétrole. La perspective, puis la création d'une zone de libre-échange, l'ALENA, avec les États-Unis et le Canada encouragent une telle évolution. L'abandon de secteurs traditionnels, comme ceux des produits chimiques, des produits mécaniques, de la sidérurgie et de l'agroalimentaire participera également à l'amélioration de la spécialisation internationale du Mexique. Ce mouvement, qui s'étend sur plus d'une décennie, mobilise toutes les ressources financières et humaines du pays. Cette force, qui joue dans le bon sens pour le Mexique, est celle qui manque à l'Argentine pour conduire une véritable transformation de la structure de ses avantages comparatifs.

**Avantages comparatifs révélés du Mexique
1967 - 2000**

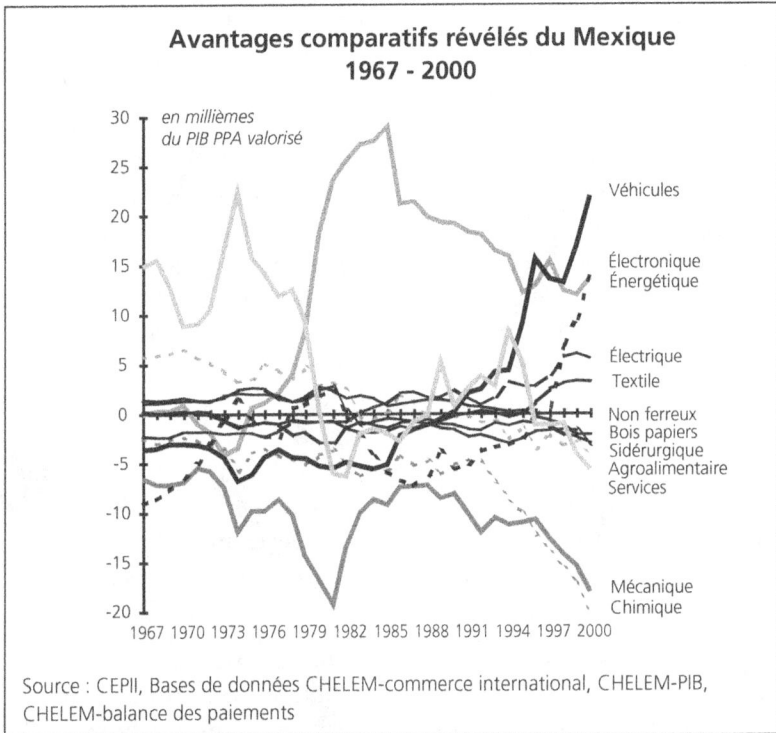

Source : CEPII, Bases de données CHELEM-commerce international, CHELEM-PIB,
CHELEM-balance des paiements

L'une des réussites du sursaut industriel mexicain apparaît dans le
classement des dix premiers exportateurs mondiaux de véhicules
automobiles : la part du Mexique dans le commerce mondial, qui
était voisine de zéro au début des années 80, est proche de 6 %
au début des années 2000. Cela signifie que le Mexique a dépassé
le Royaume-Uni, l'Italie et l'Espagne pour désormais se rapprocher
de la position française.

L'absence de transformation internationale de l'Argentine

Entre 1967 et 2000, l'Argentine tend à se spécialiser de plus en plus dans le domaine de l'agroalimentaire. Quelques tentatives de diversification seront entreprises, mais sans succès significatifs. Forte de ses avantages acquis dans la production de produits alimentaires et énergétiques, l'Argentine voit ses positions internationales continuer de se dégrader dans les autres pans d'activités de son économie. Le marché intérieur, plus ouvert et concurrentiel, laisse une place importante aux importations. De plus, les difficultés de mobilisation des capitaux pour financer de nouveaux investissements en Argentine et leur emploi hors du pays rendent tout effort soutenu de transformation illusoire. À l'inverse du Mexique, l'Argentine voit ses positions internationales nettement se dégrader au cours des années 90 pour les produits électroniques, les produits mécaniques, les produits chimiques, ceux de la construction électrique et automobile.

Une rapide comparaison du mouvement de spécialisation internationale du Mexique et de l'Argentine montre deux attitudes opposées face à l'existence d'un avantage acquis ; le premier pays mobilise ses ressources pour faire naître et progresser de nouveaux pôles de compétitivité ; le second, l'Argentine, ne parvient pas à réussir cette mobilisation collective des ressources financières et humaines en faveur d'un développement marqué dans des activités valorisant de nouveaux avantages comparatifs. Le défaut d'anticipation des mouvements longs de compétitivité internationale est sanctionné par une érosion des gains à l'échange et un affaiblissement économique. Dans le cas du Mexique, le redressement est le résultat d'un travail constant et d'une grande persévérance.

**Avantages comparatifs révélés de l'Argentine
1967 - 2000**

*en millièmes
du PIB PPA valorisé*

Agroalimentaire

Énergétique

Textile
Non ferreux
Sidérurgique
Véhicules
Électrique
Bois papiers
Services

Chimique
Mécanique

Électronique

1967 1970 1973 1976 1979 1982 1985 1988 1991 1994 1997 2000

Source : CEPII, Bases de données CHELEM-commerce international, CHELEM-PIB, CHELEM-balance des paiements

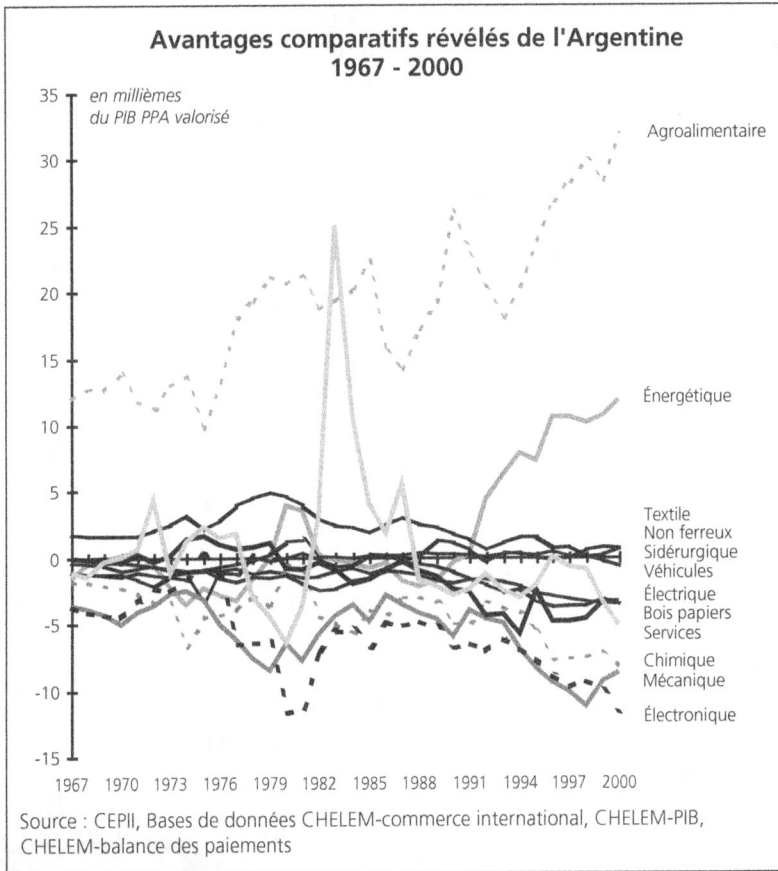

Dominer l'incertitude économique

La mobilité des hommes et des capitaux est un atout pour activer de nouvelles allocations de ressources vers les activités et les régions qui porteront la croissance économique. Ces temps d'ajustement représentent une parenthèse difficile pour tous. Un moment dont personne, salariés comme dirigeants, ne peut être certain de l'issue. Un temps où chaque acteur économique doit viser juste au risque de s'enfoncer dans les difficultés. Au Japon, les tentatives de sortie de crise échouent régulièrement depuis dix ans. L'emploi « à vie » n'y est plus garanti et l'exclusion gagne du terrain. En Europe, une croissance modérée et instable entretient un climat d'incertitude économique quasi permanent qui bride les investissements. Face à la rigidité d'adaptation au changement de cycle, deux nouveaux facteurs interviennent. Tout d'abord, les entreprises ont appris à gérer des temps de cycle plus courts avec des délais de retour sur investissement plus brefs. Les temps de mise sur le marché de nouveaux produits sont raccourcis afin qu'ils soient rapidement testés, conservés ou rejetés en fonction de leurs performances commerciales immédiates. Si le démarrage est rapide, l'investissement est confirmé, sinon l'entreprise abandonne sans délai son projet. L'ère de l'investissement « jetable » est peut-être née. La seconde modification, liée à la précédente, concerne le rôle des technologies de l'information comme amortisseur économique. Une circulation plus rapide de l'information contribue à une gestion plus efficace de l'ensemble des acteurs de la chaîne de valeur ; la grande distribution et les producteurs mettent en place des outils collaboratifs de gestion des besoins et des livraisons qui permettent une meilleure coordination de leurs activités respectives. Cette optimisation partagée conjugue plus facilement des tâches et des canaux de distribution qui ne sont pas aux mêmes stades du cycle du produit et qui rendent de brutaux ajustements sur l'emploi moins nécessaires. En revanche, la contrepartie qui pèse sur l'emploi est double : il doit être plus mobile et montrer une capacité d'apprentissage plus rapide au sein des entreprises, voire au sein de la chaîne de valeur. On notera que dans les pays où la rigidité du marché du travail est la plus forte, les niveaux de chômage demeurent aujourd'hui durablement les plus élevés.

Pourtant, le développement de l'assurance a permis d'amortir les risques[20]. La multiplication des formules de socialisation des risques a permis de considérablement réduire l'exposition personnelle aux aléas de la vie économique. Pourtant, cet aspect de la modernité est souvent oublié, comme le montre la montée des craintes qui s'expriment sur l'avenir. Nostalgique d'un âge d'or révolu, produit de leur imagination, les hommes sont tentés de se raccrocher à une réalité économique illusoire par un excès de protection. Plus chacun se met à l'abri de l'incertitude, moins il accepte la prise de risque qui est pourtant essentielle au dynamisme économique.

La prospérité des nations, même parmi les plus développées, est plus fragile qu'il n'y paraît. À l'opposé, les perspectives de sursaut économique de pays en développement ne sont pas inexistantes. Dans les deux cas, des efforts importants devront être déployés pour entretenir cette prospérité acquise ou en voie d'acquisition. Ces efforts passent par une acceptation du risque et la prise d'initiatives qu'impose un monde économique plus chaotique. Cette remise en question permanente de la vie économique est une réalité, le danger des acteurs économiques est de tomber dans le piège de l'illusion d'une prospérité acquise pour toujours. Cette croyance ne peut que limiter leurs chances d'adaptation aux aléas de leur environnement économique local, national ou mondial.

---

20. François-Xavier Albouy, *Le temps des catastrophes*, Descartes et Cie, 2002.

Survivre aux ruptures professionnelles

L'entreprise est le cadre économique dans lequel des hommes et des femmes travaillent à atteindre les objectifs professionnels individuels et collectifs qu'ils se sont donnés. Ce cadre d'action et de vie est complexe et comporte de nombreux moments difficiles à passer. L'entreprise multiplie les situations où, du patron au simple employé, chacun est confronté à la nécessité de faire face individuellement et collectivement à l'adversité. Au XIXe siècle, lors de la première révolution industrielle, la vie économique était plus dure, plus brutale et plus brève en raison d'une espérance de vie plus courte. La généralisation du salariat et l'élévation du niveau de vie dans les pays industrialisés ont créé une intolérance plus grande à l'adversité issue du travail. Dans un monde plus rapide, chaotique et incertain, la vie professionnelle est devenue plus complexe à gérer en raison des secousses plus fréquentes qui affectent les entreprises. Le rythme des fusions-acquisitions s'est accéléré ; la technologie bouscule les compétences individuelles et les hiérarchies concurrentielles des entreprises. Les positions acquises ne le sont jamais pour longtemps. L'entreprise devient une aventure humaine plus risquée, un face-à-face répété avec l'adversité, où chacun peut rapidement se trouver dans une impasse.

Cette crainte paralyse aussi l'action. Interrogé sur les perspectives commerciales offertes par une récente acquisition de son groupe d'assurance par le leader de la profession, le directeur général de la société absorbée a exprimé cette inquiétude en déclarant : « *Vous savez, dans la période actuelle, cinq minutes consacrées à mon métier, c'est cinq minutes en moins à ma carrière !* ».

La prospérité des nations, même parmi les plus développées, est plus fragile qu'il n'y paraît. À l'opposé, les perspectives de sursaut économique de pays en développement ne sont pas inexistantes. Dans les deux cas, des efforts importants devront être déployés pour entretenir cette prospérité acquise ou en voie d'acquisition.

Alors que le travail a pris une place centrale dans l'existence, les ruptures professionnelles sont vécues de manière très négative. La perte d'emploi, ou sa perspective, sont assimilées à une mise à l'écart longue, voire définitive du système.

Le sentiment d'être remis en question après de longues années de bons et loyaux services suscite souvent incompréhension et doute. La peur, bien naturelle, de vivre une période durable de chômage ignore les grands mouvements de retour à l'emploi aux États-Unis et en Europe au cours des années 90. Le marché du travail a été marqué par de fortes amplitudes avec d'importants volumes de destructions, mais aussi un volume supérieur de créations d'emplois. Pour que les évolutions structurelles de l'économie s'accompagnent d'une adaptation plus harmonieuse de l'emploi, il paraît capital que la perte d'emploi ne rime pas avec perte d'estime de soi. Un besoin croissant d'accompagnement, d'explication et de soutien individuel existe. Il est encore largement insatisfait.

Quand perte d'emploi rime avec perte d'estime de soi

Si la vie et le travail se superposent

Le travail est une partie de la vie, pas toute la vie[21]. La difficulté à éviter cette confusion est une profonde source d'instabilité. Pascal Bruckner évoque ce manque de discernement[22] : le soi est progressivement devenu l'unique confrontation entre l'offre et la demande de travail. Il résulte de cette imbrication trop intime entre l'emploi

---

21. 60 % des cadres français affirment que le travail compte autant que la vie personnelle. Sondage CSA/*Enjeux Les Echos*, Novembre 2002.
22. Pascal Bruckner, *Misère de la prospérité : la religion marchande et ses ennemis*, Grasset, 2002.

et la vie, le fait que l'emploi a pris une place fondamentale et pour beaucoup la seule. Ainsi, le travail est devenu un lieu privilégié de confrontation de l'homme avec lui-même et avec ses semblables[23]. Cette confrontation comporte un risque et un défi. Le défi personnel est celui de s'investir et de s'accomplir par le travail qui apporte reconnaissance sociale et professionnelle, mais qui crée aussi une forte dépendance à cette reconnaissance. Le risque est celui de l'échec, de la régression sociale, de l'incertitude et du non-accomplissement de soi. En raison de la place prise par l'emploi, sa perte provoque une dévalorisation de soi. La disparition du point de repère apporté par le travail conduit à une remise en question personnelle, voire à un sentiment d'injustice et d'incompréhension qui bloque toute initiative. Quand la perception que l'on a de soi-même est atteinte, l'émotion repousse l'expression de sentiments positifs.

La place que chacun accorde au travail n'est cependant pas stable dans le temps, ni en fonction des situations. Face au travail, quatre attitudes ont été identifiées ; elles diffèrent d'une personne à l'autre et d'une époque à l'autre de la vie professionnelle : renoncer, faire le jeu des acteurs du système, compter sur la chance pour trouver des espaces d'expression de soi dans le système, mettre en œuvre des stratégies de promotion de soi hors du monde du travail. Ces attitudes sont fonction de la confrontation qui résulte d'une mise à l'épreuve continue de soi dans le monde du travail, et dont on ne sort pas vainqueur en toutes circonstances. L'acceptation de la réalité de cette confrontation permanente est loin d'être évidente pour considérer que les aléas de la carrière professionnelle représentent autant d'occasions de nouveaux défis. Quand travail et existence se superposent, l'absence de distance fragilise ; quand

---

23. Jacques Aubret, « Adulte et Travail : risques et défis », Revue Carriérologie, Été 2001.

la confiance dans les compétences acquises fait défaut, cette fragilité est aggravée.

Il est alors légitime que la crainte, même partielle, de se voir retirer la possibilité de poursuivre une activité rémunérée soit vécue comme une atteinte existentielle. Comme cette activité contribue fortement à l'identité de la personne, sa remise en question provoque un choc émotionnel évident. En fait, ce mal-être s'alourdit selon un mécanisme de disqualification croissant. Le ressentiment personnel s'amorce avec la perception d'être mis à l'écart et de ne pas être écouté ; celle-ci provoque un déclin de l'adhésion, une chute de l'implication, l'installation d'un mal-être plus durable, et débouche sur la démission et la perte d'emploi.

Après un licenciement certains se décourageront, d'autres réagiront. La manière dont chacun reçoit et comprend l'événement semble ici déterminante. La réaction émotionnelle à une situation difficile affecte la capacité à se concentrer et à ramasser ses forces pour rebondir. C'est pourquoi, un même obstacle ne sera pas abordé de la même manière dans le temps par une même personne, ni entre un groupe de personnes devant affronter une situation identique. La première réaction à la survenue d'un événement grave est d'en comprendre les raisons. Chacun cherche une explication de l'incident vécu en bâtissant une histoire sur ses causes et ses conséquences. La fermeture d'une usine ou la mise en œuvre d'un plan social feront l'objet d'interprétations différentes. Les versions ne seront pas identiques d'un individu à l'autre parce chacune d'elle sera fondée sur des références propres à l'expérience et au vécu de chacun. Les croyances individuelles, la vision que l'on a de soi-même jouent un rôle majeur dans la capacité ultérieure à réagir. Cette interprétation personnelle des événements hostiles passe par un prisme qui est celui à travers lequel chacun perçoit la vie et le monde qui l'entoure. Parfois, le prisme est déformant, il accentue alors la peur et l'anxiété. D'autres fois, le prisme filtre une image plus sereine qui donne une meilleure vision des événements, offrant une perspective plus large d'où ensuite peut se dégager une ligne d'action plus claire.

Moins le prisme sera déformant, plus les chances de rebond seront bonnes. Un comportement défaitiste serait de considérer la perte d'emploi comme un échec présent et potentiel. Un comportement résilient serait d'en faire une occasion de progresser. Notre vision de l'adversité est déformée par la pensée négative, nos doutes, voire une culpabilité, qui ne peuvent aboutir qu'à la passivité, pire à la capitulation. Face à la perte d'emploi, des personnes à niveau de compétences professionnelles comparables peuvent adopter des comportement diamétralement opposés.

Les unes parviendront à faire plus vite la part des choses en écartant leurs réactions émotionnelles déformantes ; leur atout sera de savoir exploiter cette vision plus juste et équilibrée des choses pour déboucher sur une pensée plus mobilisatrice. Pour les autres, la perte d'emploi est associée à l'effondrement de la vie. La croyance dans une situation personnelle durablement acquise entretient une certitude bien fragile. Lorsque que celle-ci éclate en morceaux, la perte du principal repère est totale, la vie n'a plus de sens et la confiance dans son potentiel mis à mal.

Si la volonté est un élément puissant de réaction, elle n'est que l'expression de forces plus profondes qui s'animent ou non après un vécu difficile. Quand le travail et la vie se superposent au point de paralyser toute idée de réaction positive, il est capital de comprendre dans quel contexte les qualités latentes de résilience peuvent être réveillées.

49

Des entreprises plus fragiles, une défiance des salariés plus grande

Cette imbrication entre la vie et le travail est, dans nos sociétés, au plus haut, alors que le contexte de l'emploi et de l'existence des entreprises tend à être plus vulnérable. La fin de l'emploi à vie, des formes d'emplois plus précaires et une plus grande fragilité de l'existence même des entreprises invitent les salariés à développer de véritables capacités de survie aux ruptures professionnelles qu'ils doivent affronter. Les statistiques d'emplois montrent qu'un individu connaît en moyenne trois à cinq licenciements au cours de sa vie professionnelle[24] qui lui feront changer plusieurs fois de métier. Un demandeur d'emploi issu du monde secoué des télécommunications, et dont la compétence était activement recherchée, vient de connaître trois employeurs en trois ans. Comment vit-il cette alternance d'embauches et de licenciements ? Il n'a pas perdu confiance dans ses compétences, et pour l'heure la répétition de perte puis de recherche d'emploi n'a pas provoqué une profonde remise en question personnelle qui aurait pu dégrader la perception qu'il a de lui-même. Imaginant toutes sortes de solutions pour travailler et entretenir ses compétences, son horizon est directement lié au fonctionnement qu'il perçoit du marché du travail.

Au début des années 90, le Sud des États-Unis a attiré jusqu'à 150 000 personnes par an en raison des perspectives d'emplois. En 2002, l'arrivée de la récession et la crise des nouvelles technologies provoquent une brusque montée du chômage (Atlanta a perdu près de 62 000 emplois en un an) touchant de nombreux cadres qui sont confrontés à l'urgence d'une nouvelle recherche d'emploi. Un

---

24. Sondage du *New York Times* : un tiers des personnes interrogées ont déclaré avoir (ou devoir) changer plus de 2 fois de métier au cours de leur vie professionnelle (Avril 2002).

*Un comportement défaitiste serait
de considérer la perte d'emploi
comme un échec présent et potentiel.
Un comportement résilient serait
d'en faire une occasion de progresser.
Notre vision de l'adversité est déformée
par la pensée négative, nos doutes,
voire une culpabilité,
qui ne peuvent aboutir qu'à la passivité,
pire à la capitulation.*

ingénieur informaticien [25] déclare être en contact avec quinze chasseurs de têtes et consulter quotidiennement une dizaine de sites d'emplois sur Internet. Son horizon est d'avoir retrouver un emploi dans un délai de quatre, cinq ou six mois. Sa confiance est solide, car son « employabilité » est élevée, c'est-à-dire que la demande d'autres entreprises pour ses compétences lui donne de bonnes chances de reprendre un travail. Toutefois, plus le délai s'allonge, plus cette confiance s'émousse et plus le doute s'installe.

La résistance humaine est vulnérable et les capacités à rebondir sont instables. Les appels à une plus grande responsabilisation individuelle dans la gestion des aléas de son parcours professionnel ne doivent pas faire abstraction de ces réalités. Dans un contexte de plus grande fragilité des entreprises, Elaine Chao, ancienne Ministre américaine du travail, considère que la capacité à rebondir après une situation de perte d'emploi devient une condition de survie dans notre économie. Les salariés, dit-elle, sont aujourd'hui plus proches des travailleurs indépendants en charge de leur propre carrière. Il est donc important qu'ils conservent et entretiennent une conviction forte dans leur valeur professionnelle, une grande confiance et une vision optimiste.

Leur confiance dépend de l'état du marché du travail, mais aussi du contrat implicite qui lie les salariés à leur employeur. Or, ce contrat est aujourd'hui plus confus et a besoin d'être redéfini. En effet, les entreprises recherchent dans le même temps initiatives et adhésion, alors que parallèlement se développent des formes d'emplois adaptées à une plus grande précarité des entreprises. Ce paradoxe entretient une grande méfiance des salariés qui, au lieu d'adopter des stratégies individuelles positives, se replient dans des

---

25. « From boom to gloom », *International Herald Tribune*, 17 décembre 2002.

© Éditions d'organisation

attitudes de recul et de défiance. Le climat de peur et d'inquiétude qui a gagné les entreprises après les réductions d'effectifs des années 90 a laissé des traces. Selon Éric Albert[26], les actes n'ont pas été conformes à ce qui avait été dit ou promis, les maladresses se sont accumulées, offrant des entreprises le visage d'un système qui ne respecte pas les individus. Cette dégradation du lien avec l'entreprise ne favorise pas une vision optimiste. En conséquence, de nombreux salariés tendent à ne plus vraiment jouer le jeu. Le niveau zéro de l'implication est atteint ! Le moteur de l'entreprise devient mou et certainement à l'opposé de ce qui est aujourd'hui vital pour assurer sa pleine combativité.

La montée de la flexibilité du travail s'est effectuée dans un climat dominé par une perception très négative. La multiplication de solutions d'emplois moins durables, et pourtant bien réelles, n'a pas été prise comme une chance[27] alors qu'en France les emplois considérés comme précaires ont été multipliés par trois en vingt ans. Cet aspect de la flexibilité a été perçu comme le signe d'une plus grande fragilité, mais pas comme un élargissement souhaitable des formes d'emplois. Sur le terrain de la réinsertion professionnelle, toute solution de retour à une activité rémunérée a une valeur. Quand des mécanismes de soutien et d'accompagnement individuels sont mis en place, ils facilitent l'adaptation à un nouvel environnement professionnel. Après la récession de 1993, le cabinet BPI a mené une enquête dans la région Nord-Pas-De-Calais[28] qui a connu d'importantes restructurations industrielles et de plans sociaux. Un an après leur licenciement, parmi un échantillon de salariés licenciés, 50 % de ceux qui ont été soutenus

---

26. Éric Albert, Jean-Luc Emery, *Le manager est un psy*, Éditions d'Organisation, 2001.
27. Les emplois « Mc-Donald » ont été raillés…
28. Cabinet BPI : Un an plus tard, que sont-ils devenus ?, 1993.

dans leurs projets personnels ont retrouvé un emploi ou une forme d'emploi (création d'activité indépendante, contrats à durée déterminée, création d'entreprise, etc.). L'aide apportée à la reconnaissance des compétences individuelles et à la recherche ciblée d'une solution d'emploi permettant de les valoriser, a permis de considérablement réduire le risque de demeurer au chômage. Des formes d'emplois, même précaires, ont représenté de vraies solutions pour ces employés licenciés. Par ailleurs, cette expérience a montré qu'au bout d'un an, de nombreux contrats à durée déterminée ont pu être transformés en contrat à durée indéterminée.

Face aux ruptures professionnelles, existerait-il un effet d'apprentissage qui aiderait à mieux dompter l'adversité ? Comment éviter que la perte d'emploi ne s'accompagne d'une remise en question personnelle entravant toute reprise de confiance en soi ? Que peut-on apprendre des dirigeants politiques, ou des sportifs, qui exercent un métier fait de « montagnes russes ». Pourtant, leur endurance est souvent remarquable. Les hommes politiques connaissent, selon l'expression, de nombreuses traversées du désert qui les condamnent à vivre des périodes d'oubli plus ou moins longues. Au cours de la dernière décennie, plusieurs exemples de résilience méritent d'être soulignés. Le premier est le cas de Laurent Fabius qui, après avoir été le plus jeune premier ministre donné à la France, a traversé avec le scandale du sang contaminé une période blessante et malheureuse. La douleur des familles, le choc des images télévisées, la désaffection des soutiens (sauf les plus proches) et la dimension judiciaire de l'affaire ont fonctionné comme un véritable laminoir. L'homme est brisé au plan personnel et dans son élan politique. Pour reprendre le mot attribué à Valéry Giscard d'Estaing, qui a difficilement assumé le rôle de premier Président de la République vivant privé de son emploi : en politique, on ne serait jamais mort !

© Éditions d'organisation

Il faudra donc dix ans de compassion, d'explication et de reconstruction de lui-même à Laurent Fabius pour retrouver des fonctions politiques de premier plan. À l'opposé de l'éventail politique, le second cas est celui de Jacques Chirac qui fait l'objet en 1988 d'un consensus, notamment dans la presse, annonçant la fin de sa carrière politique en raison de son image de perdant. Son élection de 1995 sera ternie par l'échec de la dissolution de l'Assemblée Nationale, puis par les affaires liées au financement des partis politiques ou de la Mairie de Paris. Pourtant, en mai 2002, il rebondit, accepte le rôle d'homme providentiel que la République attend de lui et engrange plus de 82 % des suffrages. Ces rebondissements, parfois dramatiques, n'entament pas la détermination des politiques ; bien au contraire, chaque épreuve semble contribuer à endurcir leur cuir, voire à participer à leur stature d'homme d'État. Mieux armés pour résister aux déconvenues politiques, les dirigeants politiques conservent, même au creux de la vague, une grande confiance dans leur avenir. Dans un monde économique, politique, sportif, fait de compétitions, de luttes, d'échecs et de réussites, pourquoi certains gèrent-ils leurs échecs avec plus de « bonheur » que d'autres ? Quatre points forts, tous liés à l'estime de soi, seraient la caractéristique des hommes de pouvoir[29] :

- ils croient en leur destin ;
- ils voient grand et large en pensant toujours à la prochaine étape à conquérir même au creux de la vague ;
- ils passent systématiquement à l'action pour mettre en œuvre leur réussite ;
- enfin, ils acceptent d'échouer, mais savent se reconstruire pour rebondir après l'échec.

---

29. Christophe André, François Lelord, *L'estime de soi*, Odile Jacob, 1999.

À leur niveau, les salariés découvrent qu'ils doivent compter beaucoup plus sur eux-mêmes, et que dans un monde où même les entreprises les plus réputées deviennent des êtres périssables, seules les compétences qu'ils ont acquises peuvent les mettre à l'abri d'une perte durable d'emploi. Ils n'ont pas le choix car les entreprises sont plus exposées à la sanction économique (concurrence), à la sanction pénale ou déontologique (la marque Andersen n'aura pas survécu plus de huit mois au scandale Enron), à l'impact des fusions et des acquisitions. Par ailleurs, les salariés doivent également intégrer une autre réalité qui est celle de l'érosion de la justification économique de l'entreprise sous sa forme traditionnelle et qui renforce la nécessité, pour chacun, de croire dans la valeur de ses compétences.

La fin de l'entreprise ?

L'entreprise est une invention récente que Peter Drucker[30] fait remonter à 1870. Aujourd'hui, il s'interroge sur l'existence de l'entreprise comme moyen privilégié de produire de la valeur. En 1991, l'économiste Ronald Coase a reçu le prix Nobel d'économie pour avoir montré que le principal intérêt économique de l'entreprise était de réunir plusieurs activités productives en une seule entité pour bénéficier de coûts de transaction réduits et surtout de plus faibles coûts de communication entre ces activités internes et externes. Quand au début du siècle John D. Rockefeller crée la *Standard Oil Trust*, il comprend que la réunion des activités de forage, de production, de transport, de raffinage et de distribution est la manière la plus efficiente de mener son activité. Cette intégration, qui a permis à la *Standard Oil Trust* d'être l'une des entreprises les plus rentables de l'histoire, n'est plus la règle car les coûts de communication sont devenus insignifiants.

---

30. Peter Drucker, « The Economist : a survey of the near future », 3 novembre 2001.

De nouvelles formes d'organisation voient le jour avec le développement de l'externalisation et des centres de services partagés. Le périmètre des activités de l'entreprise devient plus flou et variable en raison des multiples modes de collaboration qui se mettent en place entre le cœur de l'entreprise et ses partenaires amont et aval (fournisseurs et distributeurs). Selon Peter Drucker, cette logique devrait progressivement s'étendre, y compris aux individus qui proposeront leurs compétences et leur savoir sur une base différente. En fait, le rapport de force tend à changer : *« l'entreprise aura plus besoin d'eux qu'eux auront besoin de l'entreprise »*. Cela signifie que leur mobilité et leur confiance dans les capacités personnelles et professionnelles qu'ils auront sues construire les rendront plus autonomes. C'est le cas dans le domaine d'activités créatives comme la production télévisuelle où les techniciens de l'image sont des indépendants, dont certains choisissent l'entreprise avec laquelle ils acceptent de travailler. Ils entretiennent régulièrement leurs compétences techniques pour conserver cette liberté et recherchent des projets où leur indépendance et leur responsabilité seront respectées. Leur compétence pointue les met à l'abri de la perte d'emploi et surtout renverse les termes de la relation avec l'entreprise traditionnelle.

Vers un nouveau contrat ?

L'écrasement, voire le renversement de la pyramide hiérarchique, étaient depuis longtemps anticipés et attendus[31]. Aujourd'hui, ce mouvement, qui est déjà largement engagé, prend une nouvelle ampleur. Paul Valéry écrivait : *« Un chef est un homme qui a besoin*

---

31. Jean-Marie Descarpentries, ancien patron de Bull et de Carnaud Métalbox, a été distingué en 1989 par le magazine *Fortune* comme *« l'un des 25 chefs d'entreprises mondiaux les plus fascinants »* notamment pour ses idées innovantes sur l'organisation de l'entreprise.

des autres ». Alors que se développent les évaluations dites à 360°, c'est-à-dire de l'ensemble de leur entourage dans l'entreprise, les managers qui exercent le pouvoir devront être appréciés notamment pour les qualités de reconnaissance qu'ils sauront à leur tour exprimer à leurs collaborateurs, mais surtout pour la responsabilité qu'ils assumeront dans leur processus d'acquisition de compétences.

L'attention portée à l'estime de soi, qui est faite à la fois du regard des autres et du regard que l'on porte sur soi-même, devrait occuper une place croissante dans les relations d'emploi pour créer un climat plus propice à la confiance et à l'adhésion. À l'image de la théorie des jeux qui parle de stratégie « gagnant – gagnant », les employeurs et leurs employés partagent l'intérêt de renforcer leur « *self-esteem* » réciproque. Celle-ci est appelée à jouer un rôle déterminant pour surmonter ensemble les aléas de l'entreprise. Les dirigeants visent à pouvoir gouverner leurs équipes en obtenant toute leur implication quel que soit le niveau d'activité ; en contrepartie, les collaborateurs souhaitent disposer de la vision la plus objective d'eux-mêmes et de leurs compétences pour être moins fragiles au changement et à la mobilité. L'observation de Ronald Coase doit être adaptée à ces évolutions : la justification économique de l'entreprise se trouverait désormais moins dans la réduction des coûts de transaction que dans la qualité des relations indispensables à la réalisation d'un projet commun. C'est moins la proximité géographique et technique que l'envie de faire quelque chose ensemble, qui apporterait une valeur supplémentaire au projet commun.

Cette idée, assez évidente, n'est pas neuve. L'affirmation de l'importance des relations humaines au cœur du fonctionnement de l'entreprise est connue. Force est de constater que la pratique des entreprises a peu progressé pour éviter que la perte d'emploi ne soit encore perçue comme une remise en question personnelle, voire une fatalité

Dans un contexte
de plus grande fragilité des entreprises,
la capacité à rebondir
après une situation de perte d'emploi
devient une condition de survie.
Les salariés sont aujourd'hui
plus proches des travailleurs indépendants
en charge de leur propre carrière.
Il est donc important qu'ils conservent
et entretiennent une conviction forte
dans leur valeur professionnelle,
une grande confiance et une vision optimiste.

pouvant amener une altération durable de la trajectoire professionnelle. Les salariés qui ont vécu des périodes de restructuration peuvent difficilement avoir une vision positive de leur avenir quand
on sait qu'ils ont, cinq ans plus tard, un potentiel salarial inférieur
d'environ 30 % par rapport à ceux qui appartiennent à des secteurs
moins touchés[32]. Le sentiment d'être condamné à l'échec multiplie
les détresses personnelles. C'est pourquoi les politiques sociales doivent s'adresser davantage aux personnes pour activer leur résilience
par la reconnaissance, puis la réalisation, de leurs « possibles ».

**L'objectif est d'éviter que le désarroi ne bloque toute pers-
pective de mobilisation des ressources personnelles.** Un appui
individuel contribue à mieux faire accepter la réalité d'un monde
économique fait de difficultés et d'opportunités. Le danger est un
mauvais dosage de ce soutien qui dans le cas d'un État providence
trop présent affaiblit la stimulation personnelle. Sur ce point, Philippe Van Parijs corrige une interprétation courante de la pensée
de John Rawls qui, dit-il, n'a jamais imaginé un État providence
recueillir tous les exclus du marché[33]. Une protection excessive
n'est pas la solution idéale, en revanche un appui individuel peut
apporter le soutien attendu pour reprendre pied.

---

32. Eric Maurin, *l'égalité des possibles*, *Le monde, 28 avril 2002*.
33. Philippe Van Parijs, Professeur à l'Université de Louvain, au sujet de la Théorie de la
justice de John Rawls, *Le Monde*, Novembre 2002.

Quand s'installe le déterminisme d'une condamnation économique

La perception juste des événements économiques que l'on traverse est faussée par nos croyances. Le monde économique vient de vivre deux extrêmes avec, d'une part, une peur excessive du chômage et, d'autre part, l'exubérance irrationnelle accompagnée de la croyance dans une prospérité irréversible. Dans les deux cas, ce fatalisme (« nous sommes condamnés au chômage » ou « nous sommes portés par une nouvelle économie à jamais florissante ») a été un écran à une bonne perception des réalités. La résignation à penser que l'avenir est déterminé par les conditions économiques dominantes n'aide pas à les défier ou à s'en méfier.

L'homme est-il de trop au banquet de la nature ?

À chaque récession et progression du chômage, le spectre de « l'horreur économique » réapparaît. Cette idée[34] exprime le drame humain que provoquerait le « leurre magistral » du travail. L'extinction du travail, voire sa raréfaction, mettrait les individus dans une compétition insoutenable pour survivre. L'ensemble des êtres humains serait de moins en moins nécessaire à la production de richesses provoquant une exclusion croissante qui pourrait aller jusqu'à l'élimination du travail. Les partisans de la « fin du travail » ont voulu voir dans la montée du chômage des années 90 un mouvement lui aussi irréversible. Cette perception « malthusienne » de la peur de l'extinction du travail est un refus de la réalité économique où destructions d'emplois et créations d'emplois coexistent.

---

34. Viviane Forrester, *L'horreur économique, op. cit.*

Cette perception sceptique, mécanique et fataliste du fonctionnement de l'économie conduit au repli sur soi. L'exclusion progressive des hommes s'impose comme une fatalité face aux ressources limitées qu'ils doivent se partager. La parabole du banquet de Thomas Robert Malthus illustre cette vision négative qui condamne la vie économique : « *Tout homme qui est né dans un monde déjà possédé (...) si la société n'a pas besoin de son travail, n'a aucun droit de réclamer la plus petite portion de nourriture. Il est de trop au banquet de la nature ; il n'y a pas de couverts pour lui. (...) Si des convives se serrent et lui font une place, d'autres intrus se présentent immédiatement demandant la même faveur. (...) L'ordre et l'harmonie des festins sont troublés et le bonheur des convives est détruit par le spectacle de la misère... »*[35]. À la parabole du Pasteur Thomas Robert Malthus, on pourrait opposer la parabole du banquet du Rabbin Daniel Gottlieb[36] qui tente d'éclairer la différence entre l'enfer et le paradis de la manière suivante : un homme visite l'enfer qui est une immense salle de banquet où les convives sont rassemblés autour d'une large table qui dispose en son milieu de tous les mets les plus succulents dont on puisse rêver. Pourtant les convives meurent de faim car leurs mains sont prolongées de trop longs couverts qui leur permettent d'attraper les aliments, mais sans pouvoir les porter à leur bouche. Ne pouvant manger, ils sombrent dans l'accablement et la famine. L'homme demande alors à visiter le paradis ; quelle n'est pas sa surprise de retrouver la même immense salle de banquet, la même gigantesque table disposant en son milieu des aliments les plus fins, des convives dotés des mêmes longs couverts prolongeant leurs mains, mais des convives heureux ! Pourquoi heureux, car les convives du paradis s'entraident en se nourrissant mutuellement,

---

35. Thomas Robert Malthus, *Essai sur le principe de population*, 1798.
36. Rabbin Daniel Gottlieb, parabole de l'enfer et du paradis (source talmudique).

chacun aidant le voisin placé en face de lui et réciproquement. Dans l'enfer, comme dans le paradis, le stock de nourriture est identique ; en revanche la reconnaissance de l'autre et la volonté de partage et d'entraide sont différentes.

L'homme est-il de trop au banquet de la nature ? Le déterminisme de cette condamnation des hommes à devoir se limiter dans un monde limité est surtout une condamnation *a priori* de leurs capacités créatives à concevoir de nouvelles activités et de nouveaux gisements de richesses et d'emplois. Cette vision négative exprime une peur de l'avenir, une crainte des idées nouvelles, une appréhension de l'ouverture à la concurrence, une angoisse face à l'emploi dans un monde fini.

Cette économie du désespoir est battue en brèche par les faits. L'une des récentes préoccupations du Commissariat au Plan a été d'étudier les effets à moyen et long terme des évolutions démographiques et technologiques, mais aussi de la mobilité sur les structures des emplois et des qualifications, dans une perspective de retour au plein emploi. *« Il peut paraître paradoxal de se mobiliser contre les difficultés de recrutement, alors que la croissance vigoureuse jusqu'au printemps 2001 montre des signes de ralentissement. Pourtant, les indicateurs les plus récents montrent que le chômage dans certaines zones géographiques, certaines branches ou certains métiers coexiste avec des difficultés de recrutement dues à l'hétérogénéité des situations économiques dans notre pays »*[37]. À titre d'exemple, des tensions sur l'emploi peuvent coexister avec une persistance de chômage dans certains métiers comme ceux de l'hôtellerie et de la restauration, où les indicateurs

---

37. Jean-Michel Charpin, Commissaire au Plan, « Pour dépasser les difficultés de recrutement », Décembre 2001.

de tension sont élevés avec un taux de chômage de 18 %, niveau bien supérieur à la moyenne nationale.

L'apparition de difficultés de recrutement n'équivaut pas à un blocage de la production par manque de main-d'œuvre, mais révèle la nécessité d'améliorer le fonctionnement du marché du travail avec une reprise à la hausse des taux d'activité. À l'instar des tensions qui peuvent exister sur les capacités de production et qui poussent les entreprises à investir pour croître, les difficultés de recrutement devraient changer les comportements d'embauche et d'emploi. Sur le plan du recrutement, l'attitude passive, issue des périodes de chômage de masse où les besoins de prospection étaient réduits en raison d'une offre abondante, devra laisser la place à des méthodes de recrutement plus actives ; sur le plan de la formation individuelle, la question porte désormais sur les moyens d'assurer à chacun la capacité d'adapter ses compétences tout au long de la vie professionnelle pour offrir un parcours optimal. Ces évolutions appellent des changements de mentalité sur l'emploi et l'activité. Pour ne prendre qu'un exemple, l'idée courante qui consistait à lutter contre le chômage en réduisant les taux d'activité n'est plus de mise ; la satisfaction des besoins d'emplois s'appuiera de plus en plus à la fois sur une réduction du chômage et une remontée des taux d'activité. *« Ceci est un changement très positif, parce qu'une activité plus soutenue permet d'alimenter l'emploi, donc la croissance, et de préparer la transition démographique »*[38].

Ce diagnostic s'inscrit dans une évolution de la pyramide des âges de la population active qui montre qu'une pénurie de personnels qualifiés est attendue dans les entreprises privées et publiques en France avec l'accélération des départs à la retraite. Par ailleurs, ce diagnostic éclaire les difficultés d'adaptation du marché du travail

---

38. Jean-Michel Charpin, *ibid.*

qui peine à effectuer des réajustements rapides entre offre et demande d'emploi lors des retournements de conjoncture, en raison de sa segmentation, de la plus grande étendue de compétences demandées et des freins à la reconnaissance de l'expérience acquise.

L'ensemble de ces facteurs explique les difficultés de recrutement dans les périodes de mutations technologiques et organisationnelles, alors que « *les nouveaux critères de compétitivité, les nouvelles stratégies des entreprises, les nouvelles logiques concurrentielles, amènent à considérer que la performance des entreprises ne dépend plus seulement de leurs propres facteurs de compétitivité, mais de plus en plus de la qualité du système dans lequel elles sont insérées* »[39]. La question du début du XXIe siècle, quel que soit le niveau de conjoncture, porte moins sur la « fin du travail » que sur les risques de pénurie de compétences. Une prise de conscience s'opère sur l'importance accrue du savoir et des compétences dans la réussite économique. Ce constat pousse à accorder une priorité à la qualité de la formation initiale, à celle de la formation professionnelle continue et aux moyens pouvant mieux favoriser la reconnaissance de l'expérience dans la montée en compétence de chaque individu.

Comprendre et expliquer les mutations pour mieux les affronter

Une vision plus pragmatique s'impose. Les réalités économiques d'un monde complexe et non-linéaire montrent que crises et chômage masquent aussi des difficultés de recrutement avec un marché du travail qui peut être très actif sans jamais être parfaitement équilibré. Figer pour toujours dans un déterminisme trompeur l'éco-

---

39. Rapport du Plan, 2001.

nomie est un refus de voir dans les mutations économiques de nouvelles occasions de création de richesses et d'emplois. Avant que ces occasions deviennent réelles, la période transitoire est source d'anxiété pour tous les acteurs économiques qui redoutent ces phases chaotiques. La traversée de ces phases troubles est une épreuve aussi bien pour le travail que le capital.

La destruction d'activités affecte tout autant les patrons quand ils doivent mettre la clé sous la porte, que leurs employés licenciés. Je me rappelle avoir « visité » les locaux d'une entreprise venant de fermer et dont le liquidateur judiciaire cherchait à vendre le matériel informatique aux enchères. Tout était encore en place. Un détail m'a frappé. Près des claviers d'ordinateurs, les cendriers étaient encore pleins, comme les tasses de café, montrant la soudaineté de l'arrêt de la vie de l'entreprise. Le patron se débattait avec ses dettes, les salariés avec leur perte d'emploi. Dans un autre domaine, le dépôt de bilan de l'une des étoiles de la « nouvelle économie », le concepteur de jeux vidéo Kalisto, ne laisse-t-il pas un dirigeant âgé de trente et un ans avec une dette personnelle d'environ 4,5 millions € dont il a peu de chance de se relever.

Le prix du chaos est lourd pour la société qui voit se multiplier les tensions professionnelles. Une récente évaluation des conséquences du stress en Europe s'élève à 20 milliards d'€. Les effets des restructurations sur la santé sont connus ; les mutations radicales d'activités ont un impact grave sur les salariés[40] qui manifestent des troubles du sommeil, de l'alimentation, une irritabilité forte, une baisse de la libido et une dépendance croissante aux médicaments. Une des études présentées mentionnait que 51 % des 296 salariés d'une usine condamnée accusaient une perte de confiance dans l'avenir,

---

40. 27ème Congrès national des médecins du travail, *Le Monde*, 9-10 juin 2002.

© Éditions d'organisation

*La question du début du XXIe siècle
porte moins sur la « fin du travail »
que sur les risques de pénurie de compétences.
Une prise de conscience s'opère sur l'importance
accrue du savoir et des compétences
dans la réussite économique.*

une baisse de dynamisme pour 47 %, de démotivation et d'angoisse accentuée chez les salariés les plus âgés. Le « simple » déplacement d'un atelier de RVI (Renault Véhicules Industriels) d'une distance de deux kilomètres a provoqué des signes de mal-être pendant une durée d'un an. L'une des conclusions indique que les problèmes ne viennent pas tant des restructurations quand elles sont inévitables, mais des formes qu'elles prennent. Le déficit d'explication rend les restructurations mal vécues et peu comprises ; le défaut d'accompagnement pour réduire le traumatisme qu'elles peuvent représenter accentue le mal-être et donc l'impact sur la santé physique et mentale des salariés.

Accepter la réalité de la sanction économique, aménager ses effets

La libéralisation de l'économie ne s'est pas accompagnée d'une plus grande acceptation de la sanction économique. En France, la politique industrielle, à grand renfort de subventions publiques, offrait une large protection aux entreprises. L'emprise de l'État en s'atténuant a laissé une place plus grande à la concurrence, même si la responsabilité de gestion des dirigeants a été longtemps moins marquée en France que dans d'autres pays industrialisés. Cette situation pouvait s'expliquer par un actionnariat très dispersé qui limitait le pouvoir de tutelle sur les PDG et les conseils d'administration : « *une chose n'a guère changé dans le capitalisme français depuis vingt ans : les PDG sont tous restés administrateurs les uns chez les autres, ce qui ne les incline guère à sanctionner les éventuels dérapages de leurs pairs*[41] ». Les erreurs de gestion du Crédit Lyonnais, qui se sont traduites par des pertes abyssales, n'ont donné lieu jusqu'ici qu'à des sanctions

_____

41. « Un capitalisme changeant », *Le Monde*, 14-15 avril 2002.

de pure « forme » contre son principal dirigeant même si un procès est toutefois annoncé pour 2003.

Quand la sanction ne vient pas des instances de surveillance de l'entreprise ou des marchés, elle est alors imposée par le juge au plus haut niveau des entreprises françaises. Un des cas les plus marquants a été la mise en examen le 10 mars 1995 de Pierre Suard qui est poussé à la démission. Ce jour-là, dit la présentation de son livre[42], « *la mise à mort du PDG d'Alcatel Asthom mettait fin à une grande ambition* ». Pierre Suard raconte la soudaineté de cette condamnation sans autre forme de procès : « *Après que je me fus vu interdire de travailler pour Alcatel, mon avocat déclara à la presse que le président Suard était un homme mort (...). Du jour au lendemain, je fus réduit à l'impuissance* ». Pierre Suard est anéanti, l'entreprise vacille, les motifs d'accusation semblent dérisoires par rapport à la destruction de valeur qui touche l'une des premières entreprises françaises.

Ce qui marque l'année post-Enron, c'est la brutalité et la rapidité de la sanction exercée par des conseils d'administration comptable des performances de l'entreprise auprès des actionnaires. Jean-Marie Messier a fait le pari de développer son groupe en comptant sur une appréciation continue du cours de Bourse de Vivendi Universal. Les retournements des marchés ont contrecarré les effets de levier qu'il souhaitait activer. Les actionnaires, notamment nord-américains, mettent en question son maintien à la tête de l'entreprise. Il ne résistera pas et sera déchu. La disparition d'Andersen, la chute de PDG dont les résultats ont déçu, comme Michel Bon de France Télécom, marquent un tournant. Désormais, la sanction économique n'épargne personne. L'image de présidents quittant les

© Éditions d'organisation

---

42. Pierre Suard, *L'envol saboté d'Alcatel Alsthom*, Éditions France Empire, 2002.

larmes aux yeux leur entreprise n'était pas courante ; l'avenir dira comment ils parviendront à affronter un choc personnel aussi bouleversant.

Une enquête récente[43] montre que sur les 2500 premières entreprises mondiales, 231 PDG ont dû quitter leurs fonctions au cours de l'année 2001. En Europe, un actionnariat plus vigilant a modifié la donne puisque entre 1995 et 2001 les limogeages pour mauvaises performances ont doublé pour représenter un tiers des motifs de départ forcé. Le cru 2002 s'annonce encore plus meurtrier. Le patron déchu de BULL s'exprime dans la presse : « *c'est une année brutale, c'est la première fois que l'on voit autant de patrons jetés à la rue !* »[44].

Ce sentiment, Bernard Tapie le connaît bien. À plusieurs reprises, il a tout gagné et tout perdu. À chaque fois, il en a accepté la réalité et s'est reconstruit. En 1991, alors qu'il venait d'effectuer le rachat d'Adidas, il est l'invité du Forum de L'Expansion. Devant un parterre de patrons et de banquiers, il raconte ses origines modestes et l'énorme pari qu'il vient de faire : « *Quand j'ai signé un énorme crédit de plusieurs milliards de francs, j'ai pensé à mon père... Imaginez-vous que nous n'avons jamais eu la télévision à la maison, car il n'a jamais voulu prendre de crédit ! Moi, j'ai osé un endettement colossal pour réaliser le coup de ma vie !* ». Bernard Tapie fait passer beaucoup d'émotion. Quelques temps après, il sera de nouveau emporté par les événements. Les épreuves subies, parfois les plus dures, vont se multiplier sans qu'il renonce à reconstruire et à rebondir : théâtre, cinéma, émissions, etc. Bernard Tapie encaisse les difficultés, mais n'abandonne jamais en cherchant chaque occasion de valoriser son verbe, sa gouaille et son dynamisme communicatif. Pourtant ancien

---

43. Enquête Booz,Allen & Hamilton, cité dans *Le Figaro Entreprises*, 16 décembre 2002.
44. « Le cercle des PDG disparus », *Le Figaro Entreprises*, 16 décembre 2002.

patron, ancien ministre, il possède cette capacité rare de repartir au plus bas de l'échelle pour en grimper à nouveau tous les échelons. D'autres patrons, ayant notamment connu la douloureuse épreuve de l'incarcération, ont été brisés.

Épreuves, émotion et stress

De nombreux auteurs se sont exprimés sur le stress relatif à la mise en compétition des individus et des organisations. Éric Albert va plus loin en suggérant au patron de revêtir les habits du psy pour comprendre et gérer les émotions au sein de l'entreprise. Le patron est perçu comme le recours en cas de difficultés et il est confortable de vivre dans l'illusion qu'il a en toutes occasions la solution aux problèmes rencontrés. Deux facteurs accentuent la charge émotionnelle de la situation vécue : le premier est lié à la complexité croissante des activités, le second facteur est la pression du temps (il y a urgence et pas forcément de solution immédiate). L'emprise de l'émotion tend à créer une peur de l'action ou à l'opposé une hyperactivité stérile exutoire de l'angoisse qui est ressentie. Ce stress, communicatif dans l'entreprise, provoque des comportements négatifs. Le rôle du manager est de réussir à canaliser les émotions négatives en aidant ses collaborateurs à déchiffrer la situation émotionnelle qu'ils traversent. Pour cela, il lui faut se garder de tout comportement rigide et cassant pour adopter une attitude d'écoute et de dialogue. Ainsi, en contribuant à mettre en perspective la situation vécue, le manager inspire confiance et peut rediriger les énergies. L'une des principales sources de stress est le manque de sens ; à l'image du courant électrique qui réoriente les électrons dans la même direction, le sens donné à l'action canalise le stress dans une direction positive. Reformuler le projet de l'entreprise, partager les interrogations, parler vrai, donner l'exemple sont des

71

attitudes essentielles du manager pour donner des repères et du sens. Son objectif est aussi de montrer les limites de ce report commode de responsabilité sur ses seules épaules. En contribuant à responsabiliser chacun de ses collaborateurs, il active leur recherche de repères, leur interrogations et la mise en cohérence de leurs choix. Dans l'entreprise, la perte de sens est souvent liée au sentiment de subir et de ne pas être acteur de sa vie professionnelle.

La réalité de la sanction économique dans une société de mise en concurrence des individus et des entreprises dont le niveau immunitaire est faible constitue une difficulté supplémentaire. La moindre frustration ou difficulté prend des allures de cataclysme. Dans certains pays d'Afrique noire, ne dit-on pas pour exprimer la relativité de certaines difficultés : « ce sont des problèmes de blancs ! ». Les problèmes de « survie » que pose la mise en compétition des individus émergent dès l'enfance. La mise en compétition des élèves, puis des étudiants, se traduit par une pression croissante qu'ils doivent assumer de plus en plus jeunes ; certains résistent, d'autres, bien que tout aussi brillants, vivent difficilement cette tension qu'ils retrouveront ultérieurement dans le monde du travail. La question n'est pas celle de savoir si la compétition économique (et la sanction qui l'accompagne) est une bonne ou une mauvaise chose, mais comment la vivre avec moins d'angoisse et de brutalité.

Cette mise sous tension, comme les conséquences de la compétition que se livrent les individus, peuvent être illustrées par l'histoire des chasseurs d'ours[45] attribuée au dirigeant d'un grand cabinet de stratégie : deux chasseurs d'ours voient leur affaire mal tourner. L'ours affamé se met à les poursuivre. L'un des chasseurs s'arrête pour enfiler ses chaussures de jogging. L'autre lui dit que c'est

---

45. *The Economist*, Mars 2002.

*La question n'est pas celle de savoir
si la compétition économique
(et la sanction qui l'accompagne)
est une bonne ou une mauvaise chose,
mais comment la vivre
avec moins d'angoisse et de brutalité.*

ridicule, car il n'a aucun moyen de courir plus vite qu'un ours affamé. « Je n'ai pas besoin de courir plus vite que l'ours, lui répond-il, j'ai besoin de courir plus vite que toi ! ».

Quand cette compétition est forte, elle tend à effacer les barrières que chacun place entre la vie professionnelle et personnelle. Les dégâts peuvent être lourds et le « manager-psy » devient indispensable pour tenter de gérer les conséquences émotionnelles de la vie de l'entreprise. La pression de la compétition peut être abordée de manière positive ou négative. L'image est connue, mais elle reste d'une grande pertinence. Les Chinois représentent le mot « crise » en utilisant un idéogramme composé de deux éléments dont l'un signifie « danger », l'autre « opportunité ». Ces deux concepts seraient comme les deux faces d'une même pièce de monnaie et ils ne pourraient exister l'un sans l'autre. Les épreuves économiques que traversent les individus, les entreprises et les nations les incitent au dépassement. Dans cette perspective, chaque épreuve est l'occasion de mûrir et de progresser. La capacité de transformer d'inévitables difficultés en alliées du changement apparaît comme un atout vital dans un monde de compétition, mais à la condition de ne pas se tromper sur la réalité des choses. Les représentations sont décisives dans l'enclenchement du changement et l'obstacle que représentent les émotions négatives vient souvent d'une interprétation erronée de la situation.

Le piège, c'est en fait l'illusion ! L'exubérance économique des dernières années a trompé les acteurs économiques en créant un climat propice à l'illusion. Cette illusion a été entretenue par les experts, les analystes, la presse spécialisée et généraliste dont les points de vue, pourtant fondés sur des faits objectifs comme la hausse des cours boursiers, ont renforcé la convergence des idées en faveur d'une anticipation de plus en plus irrationnelle : la poursuite infinie des valorisations boursières liées à l'émergence de la « nouvelle économie ». Cette illusion généralisée a fait écran à la perception des signes pouvant déclencher la réaction des entreprises, des investisseurs et des actionnaires qui se sont retrouvés pris au piège de leur propre rêve déçu. Quand on examine le poids économique et financier de cette exubérance irrationnelle[46], que traduisent les niveaux massifs d'endettement des entreprises ou les immenses pertes d'actifs subies par des actionnaires qu'il faudra purger, on est amené à s'interroger sur les mécanismes qui ont produit cette fuite en avant généralisée contraire à la réalité de leurs intérêts. Il y aurait une tendance à l'illusion de nos sociétés[47], dont les hommes veulent être heureux à tout prix en cherchant à repousser toute souffrance. Cette propension de nos sociétés développées à s'illusionner serait un handicap certain dans la perception des réalités qu'elles doivent affronter. Chaque stade de la civilisation aurait ses formes d'illusion. Les nôtres seraient celles d'une société qui ne les trouve plus dans la religion[48], mais dans la croyance dans une prospérité économique irréversible.

Quand le principe de réalité finit par s'imposer, que les faits brisent les rêves individuels ou collectifs, le choc frontal avec les réalités est alors beaucoup plus dur à supporter. Le trouble émotionnel qui saisit les agents économiques entrave leur compréhension des événements et tend à paralyser leur action. Leur résistance est affaiblie et leur capacité à mobiliser les énergies pour rebondir fait défaut.

---

46. Robert J. Shiller, Yale University, *Irrational Exuberance*, Princeton University Press, 2002.
47. François Ewald, Professeur au CNAM, *Enjeux Les Echos*, Octobre 2002.
48. François Ewald citant S. Freud : « L'avenir de l'illusion.

Chapitre 2

UNE CHANCE
DE RECOMMENCEMENT...

Pour passer d'un capitalisme cassant à un capitalisme résilient, plus souple et apte à affronter l'adversité, il faudra miser sur la richesse de son potentiel humain actuellement sous-utilisée et repenser la manière d'offrir plus de chances de recommencement.

> *« Ce qui peut arriver de mieux à un être humain, ce sont les dégâts de son existence. »*
>
> Adage attribué à Jacques LACAN[1]

---

1. Gérard Haddad, *Le jour où Lacan m'a adopté*, Grasset, 2002.

Le pire n'est pas toujours certain, mais il se produit souvent.
Autant être prêt ! Quand le pire survient, c'est son effet déstabilisant
qui compromet les chances de survie. Pour Mel Deweese, qui a formé
plus de 100 000 personnes à l'art de la survie[2], notamment dans les
fameux commandos de marine américains SEAL, survivre, c'est surtout
s'adapter à un contexte difficile pour continuer à fonctionner malgré
les circonstances, et quelle que soit leur gravité. Quels sont, selon
lui, les principaux enseignements de la survie ? Il insiste sur un premier point qui est celui de la conjugaison des moyens physiques,
matériels et intellectuels pour réussir à improviser en terrain difficile ;
son second point majeur part du constat qu'il est rare, dans une
situation extrême, de ne pas commettre d'erreur et qu'il est impératif
de ne pas céder à la panique et de reprendre confiance ; enfin, son
dernier point est que la préparation mentale et matérielle au pire
doit être un exercice régulier. Ainsi, chacun peut constituer des plans
qui identifient les éléments indispensables à sa survie. Ces éléments
peuvent être par exemple l'alimentation, le feu, l'eau, un abri, des
moyens de signalisation et de premiers secours qui permettront de
continuer à fonctionner, et donc à vivre. Dans une situation critique,
chaque choix devient vital, or dans un environnement qui comporte
beaucoup d'inconnues, il n'est pas facile à exercer quand la pression
est trop forte. Il est donc important de créer une distance avec le
danger pour réfléchir puis décider. Cet instant où tout se joue est
capital. Même dans des conditions extrêmes, les alpinistes qui établissent un bivouac suspendu dans le vide éprouvent un soulagement
à pouvoir se coucher et dormir pour mieux repartir le lendemain
matin. Quand le pire se produit, il faut réussir à dominer le péril
pour, une fois le danger momentanément écarté ou contenu, trouver

---

2. Mel Deweese, *The rules of Survival*, in *The worst case scenario, survival handbook*, Chronicle
Books, 1999.

la voie qui mènera au retour à une vie normale. Les personnes résilientes saisissent cette chance de recommencement alors qu'elles traversent des situations difficiles, voire désespérées. Cela ouvre de nouvelles perspectives dans le domaines des initiatives sociales[3] qui ne consistent plus à édifier des collectifs protecteurs, mais à donner à l'individu les moyens de vivre au mieux ce à quoi il est confronté. La notion de résilience apporte un éclairage nouveau et pertinent sur les conditions nécessaires pour en permettre l'expression.

La résilience est une réponse au chaos économique

> *« La fragilité vient de l'épreuve subie, la force de l'épreuve surmontée. »*[4]

Définir la résilience

La résilience est une réponse au chaos que vit un individu. La notion de résilience est complexe, car attachée à un ensemble de qualités ou de comportements relatifs à l'élan vital, la volonté de revanche ou le défi de retourner une situation jugée perdue, qui ne peuvent s'exercer que dans des circonstances particulières. La résilience se nourrit de toutes les forces de vie qui existent en chacun de nous. Plus que la volonté, cette force pousse au dépassement de soi. Selon Catherine Destivelle, une alpiniste célèbre

---

3. Entretien avec Pierre Rosanvallon, *Enjeux*, Juin 2002.
4. Stefan Vanistendael, Jacques Lecomte, *Le bonheur est toujours possible*, Bayard Éditions, 2000.

pour l'escalade à main nue des plus hauts sommets[5] : « … *il faut savoir que dans les accidents de montagne, les alpinistes qui tombent dans une crevasse meurent souvent de peur et non pas de leurs blessures. Il est impératif de visualiser immédiatement sa survie pour ramasser les forces de son corps en un bloc compact et résistant. Seule cette volonté conduit à la mobilisation et donc à la survie* ». Dans une situation extrême, cette visualisation mentale est capitale pour ne pas se voir perdu, mais bien au contraire se projeter vivant au-delà de l'épreuve. Dans les cas d'insertion sociale, l'épreuve est celle de surmonter la « condamnation » de la société pour entreprendre un renouveau : Boris Cyrulnik rappelle que Georges Brassens était un voyou qui a découvert la poésie grâce à professeur de français qui lui permettra de devenir, plus tard, le célèbre Georges Brassens.

Le tardigrade[6] qui s'est momifié pour survivre à des conditions extrêmes sera ramené à la vie par une simple goutte d'eau. Quelle est cette goutte d'eau qui éveille la résilience chez l'homme ? Les pédagogues qui travaillent sur la résilience montrent que la reconnaissance par les autres de la valeur des personnes en difficulté et l'appui qu'ils apportent à la réparation de l'estime qu'elles ont d'elles-mêmes sont essentiels dans l'enclenchement de la résilience. Sans cet environnement favorable, les qualités latentes de résilience ne s'animent pas ; l'individu demeure enfermé dans les difficultés qu'il juge infranchissables ; celles-ci l'empêchent de passer ce cap. Ainsi, le concept de résilience est-il étroitement lié au regard, voire au jugement qui est formulé sur le sort d'un individu dont on pense qu'il pourra ou ne pourra jamais franchir les obstacles qui se dressent devant lui. Pourtant, en dépit de conditions difficiles, certains parviennent à déjouer ce pronostic négatif,

---

5. Catherine Destivelle, *Creative Leadership*, Zermatt Forum, Janvier 2001.
6. Voir note n° 42 p. 201.

surmontent les épreuves, puis réussissent à bien s'insérer socialement. Condamnés d'avance, certains jeunes délinquants ont pu retrouver des conditions de vie normales en réveillant en eux-mêmes des qualités qui étaient latentes. Dans tous les cas de résilience, émerge une capacité à s'opposer aux pressions de l'environnement avec la mise en place d'une dynamique positive, d'un élan poussant à se reconstruire.

La résilience offre une perspective positive des comportements, car en modifiant le regard, le pronostic que l'on peut faire sur le sort des hommes et de leurs activités, on change leur horizon. Lorsqu'ils perçoivent une planche de salut, les résilients mobilisent leurs forces vives pour la saisir. Cette lueur d'espoir qu'ils devinent contribue à révéler chez eux des qualités cachées propres à leur permettre de sortir de l'ornière où ils s'enfonçaient.

Quel sens la résilience prend-elle au plan économique ?

Les comportements des agents économiques sont dits rationnels, c'est-à-dire qu'ils répondent de manière quasi mécanique à un ensemble de facteurs qui optimisent leurs choix. Cette approche, qui privilégie le calcul économique, a été mise en question y compris par Adam Smith lorsque celui-ci s'interroge sur les motivations du boulanger[7] : la loi de l'offre et de la demande de pain n'expliquerait que partiellement l'amour du boulanger à produire du bon pain (même si cette qualité peut trouver ultérieurement sa récompense économique). Quelle part la satisfaction personnelle de produire du bon pain occupe-t-elle dans la recherche de son intérêt égoïste ? Quelle part d'estime de soi, qui échappe au simple calcul écono-

---

7. Xavier Greffe, « La nouvelle main invisible », *Le Monde*, 10 décembre 2002.

mique, entre-t-elle dans l'exercice de son activité ? Les émotions sont absentes de ce calcul rationnel alors qu'elles représentent un moteur évident de l'action humaine, avec des pensées positives qui encouragent l'effort, et des désarrois qui les découragent.

Que se passe-t-il quand les émotions troublent le jeu rationnel des acteurs économiques et influencent leur capacité de réaction ? Pour prendre un exemple, si la perte d'emploi est associée pour un individu à un échec définitif par son entourage, il trouvera plus difficilement le ressort, mais aussi la confiance, pour valoriser des compétences qui peuvent pourtant être recherchées sur le marché du travail.

Les hommes, les entreprises et les nations baignent dans un monde de compétition économique dont la sanction, surtout lorsqu'elle est négative, est mal perçue. Tel Sisyphe, ils partent chaque jour à l'assaut de la montagne qui leur offre ses deux versants. Le versant éclairé est celui de la réussite, dont la presse économique est toujours friande. Le versant dans l'ombre, celui dont on parle moins, est celui des difficultés et de l'échec. Il est courant de dire que notre société ne valorise pas l'échec, en fait c'est surtout son intérêt pédagogique qui est ignoré. L'aptitude à pouvoir identifier et corriger les erreurs passées dans un processus d'apprentissage[8] n'est pas toujours reconnue. L'échec dérange. Il est rare que la présentation d'une réussite rappelle le tâtonnement qui l'aura permise. Ce détour, qui n'est pas toujours improductif, est souvent méprisé. Fort heureusement, de nombreuses réussites ne puisent pas leurs sources dans l'accumulation de déboires. Si les échecs ne sont pas indispensables à la réussite, savoir les surmonter représente une force et un avantage.

---

8. Kenneth Arrow, travaux sur la courbe de « learning by doing ».

L'apologie de l'échec serait une présentation caricaturale du concept de résilience. En revanche, il est peu de succès qui n'aient été précédés par quelques revers, dont certains ont pu être décisifs. L'idée de tâtonnement existe en économie où des mécanismes correcteurs sanctionnent des comportements déviants, comme la mise en échec d'une poussée des prix : par exemple, sur un marché où la demande est soutenue, un accroissement de prix signale la rareté et déclenche en réaction un accroissement de l'offre ; celui-ci met alors en échec la hausse des prix. En réponse à cet accroissement, les prix sont corrigés à la baisse. Cette auto-régulation, quand elle fonctionne, s'assure la permanence du système dans un environnement pourtant naturellement turbulent.

La résilience économique ne se limite pas à cette auto-régulation ou à ce mécanisme d'apprentissage. Elle porte en elle des forces disruptives qui sont indispensables à l'adaptation et dans lesquelles la dimension comportementale joue un rôle clé.

Quelques exemples donnent une idée de cette libération de forces créatives, qui permettent d'aller de l'avant, alors que les chances de réussite sont considérées par les autres comme fragiles, voire incertaines.

Résister à ce contexte négatif, croire en sa voie, souvent seul, est un exercice d'endurance qui n'est pas réalisable par tous. Quand Alexander Bell propose de vendre la licence de son téléphone à Western Union, qui est à l'époque la plus importante entreprise du télégraphe, son président William Orton n'en veut pas. Il ne reconnaît pas l'intérêt de cette découverte pourtant majeure et déclare même ne voir aucun avenir commercial au téléphone. Il ajoute que sa société n'a rien à faire de ce jouet électrique[9]. Bell a tenu bon, le téléphone a détrôné le télégraphe et s'est imposé. La capacité de retomber sur ses pieds peut être illustrée par les conditions de réussite de la carte American Express qui sont liées à une crise majeure. Une filiale en perdition a failli emporter l'ensemble de l'entreprise au moment du lancement des premières cartes de paiement. Le président de l'époque a brillamment associé l'annonce du remboursement des dettes de cette filiale à l'annonce que tous les règlements effectués avec la carte seraient garantis de la même manière aux commerçants l'acceptant comme moyen de paiement. La publicité faite autour de cette marque de confiance a été déterminante dans le succès immédiat de la carte.

Les conditions économiques qui permettent de réussir ne sont pas toujours réunies. Les aléas économiques sont nombreux et personne ne peut se considérer à l'abri. La vie économique, qui est faite d'obstacles à franchir, est un combat quotidien pour les déjouer. C'est vrai pour l'homme dont le parcours professionnel est de plus en plus difficile ; c'est vrai pour les entreprises dont on constate que même les plus grandes peuvent disparaître[10] ; enfin, c'est vrai pour les nations dont la prospérité n'est pas acquise pour toujours. Il y a pourtant une force qui permet aux hommes, aux entreprises et aux nations de surmonter leurs difficultés et de poursuivre leurs projets. Pour progresser, les acteurs économiques mobilisent des énergies et des connaissances qui peuvent être considérables. Cet élan à se reconstruire, à imaginer un futur meilleur, ne va pas de soi. Il arrive que la vie économique s'affaiblisse et que la volonté de rebondir soit vaincue. La vie économique a ses drames faits de

---

9. *Tech stocks : keep your shirt on, International Herald tribune* 6-7 Avril 2002.
10. Par fusion, acquisition, faillite, etc.

*La résilience économique ne se limite pas
à une auto-régulation
ou à un processus d'apprentissage.
Elle porte en elle des forces disruptives
qui sont indispensables à l'adaptation
et dans lesquelles la dimension
comportementale joue un rôle clé.*

chômage, de crises, de faillites et de déclins, dont les conséquences sociales pèsent lourd. Quand l'obstacle rencontré prend la dimension d'un désastre, l'épreuve qui est perçue comme infranchissable peut conduire à l'irréparable. Le suicide d'un ancien pilote de la Sabena a bouleversé la Belgique[11]. La presse évoque le sort des : « *sabéniens, membres d'une compagnie auréolée d'un prestige qui n'a pas résisté au crash de Swissair* ». Plus de 7 000 salariés se sont retrouvés au chômage et 300 pilotes redoutent de perdre, faute d'emploi, leur précieuse licence de vol. Pour beaucoup, toute leur vie !

La perte progressive de tout espoir cimente la mise à l'écart de la vie économique et sociale. Comment conserver le désir de créer, de produire et de travailler dans un monde économique où les positions acquises sont plus aléatoires, le travail plus précaire, les débouchés des entreprises plus incertains et la croissance économique plus fluctuante ? Il existe un réel danger, pour les acteurs économiques, de se laisser emporter par un enchaînement fatal. Le progrès économique avance plus vite, mais avec plus de risques pour ceux qui en sont les acteurs. La vie économique des individus, des entreprises et des nations, se déroule dans un monde de changements rapides où tout faux pas peut être funeste. Cette réalité pose la question de leur capacité à encaisser ces chocs et à s'y adapter. Les ressorts humains sont fragiles face à l'épreuve subie, mais peuvent montrer une force insoupçonnée à la surmonter.

L'attitude des hommes et des organisations face au changement a fait l'objet de nombreuses études. Il est important de distinguer l'adaptation au changement de l'énergie déployée pour survivre à une situation extrême. Le changement est craint et il pousse à des comportements de résistance, parfois de blocage.

---

11. *Le Monde*, 13 avril 2002.

La résilience est le point précis où la pression exercée sur les acteurs économiques fait jouer l'élasticité (propre à chacun d'eux) qui leur permet de reprendre leur forme initiale. La pression, le danger, favorisent l'essor d'une tonicité qui produit une réaction positive, un redressement. Dans un monde économique qui demande une souplesse permanente, cette élasticité face aux turbulences est un gage d'adaptation à l'adversité.

Le renouveau de ressources humaines perdues

La montée des besoins en ressources humaines, qui sont désormais comptées car plus rares, devrait activer la transformation du regard porté aux inactifs. De nombreux pays industrialisés connaissent des tensions à satisfaire leurs besoins de main-d'œuvre qualifiée dans des activités où les compétences manquent. Cette réalité tranche avec un développement économique qui s'est largement accompagné du rejet d'importantes ressources humaines. Des dispositifs sociaux ont été mis en place pour aider les personnes privées d'emploi par un soutien financier. Pour un grand nombre, les périodes de chômage se sont prolongées sans réelles perspectives de reprise d'emploi. L'annonce d'un renversement du marché du travail avec une offre qui serait moins aisément satisfaite amène à considérer d'un autre œil le destin des actifs que les entreprises souhaitent conserver et le sort de ceux qui ont été écartés de la vie active.

Dans un tout autre domaine, celui de l'environnement, la prise de conscience de la nécessité de gérer des ressources naturelles comptées a modifié de nombreux comportements économiques. Les contraintes environnementales qui pèsent sur la planète ont par exemple développé l'activité de recyclage et de traitement des déchets. Ainsi, les industriels deviennent-ils responsables de leurs produits du « berceau à la tombe » pour mettre en place de véritables filières de recyclage des produits

89

arrivés en fin de vie. Une part significative de la production mondiale de plomb, de cuivre ou de verre est issue de cette activité de recyclage. Bien souvent, le prix mondial de ces produits ne permet pas de financer seuls les coûts de collecte, de traitement et de recyclage dont une part croissante est alors incluse dans le prix de vente des industriels de produits finis ou semi-finis.

En risquant un parallèle, on pourrait s'étonner de constater que le sort des matériaux ait devancé celui des ressources humaines écartées de la vie économique. Les changements démographiques qui s'annoncent dans les pays industrialisés vont prendre à revers les entreprises et les administrations. Le retour à une croissance soutenue pourrait se traduire par de réelles tensions pour assurer le recrutement des personnels indispensables et par une course paradoxale pour favoriser un retour à l'emploi des personnes inactives. Ce « recyclage », pourtant longtemps attendu par ceux qui ont été mis au rebut de l'économie, ne se fera pas sans difficultés en raison de la perte de savoir-faire, de la perte d'expérience et de la perte de confiance en eux-mêmes qu'ils auront subies. Qu'elles aient été de courtes ou de longues durées, ces pertes cumulées seront autant d'obstacles à surmonter.

La connaissance des mécanismes de la résilience apporte des pistes nouvelles pour surmonter cette somme d'obstacles dans lesquels nombreux se trouvent enfermés malgré eux. L'attitude qui consiste à refuser le fatalisme et à reconnaître le potentiel de chacun pourrait faire renaître des aptitudes cachées, des ressources enfouies, des énergies latentes qui ne demandent souvent qu'à pouvoir s'exprimer.

D'une manière plus générale, cette approche est porteuse d'espoir pour ceux que la vie économique néglige par défaut d'attention. Alors qu'une quantité de forces créatives s'éteint par un manque de reconnaissance dans la société et dans les entreprises, l'enjeu est aujourd'hui de pouvoir ranimer ces forces perdues.

Le fonctionnement de l'économie étant un perpétuel jeu de compétition et de sanction, il est crucial de s'interroger sur la meilleure manière de permettre aux individus et aux entreprises de se reconstruire pour continuer à entreprendre et à créer de nouvelles richesses. En un mot, à retrouver le désir de participer à la vie économique et professionnelle.

Tandis que ce désir est aujourd'hui émoussé, la résilience peut aider à formuler plus clairement ce qui permettrait aux individus et aux entreprises de suivre un cheminement constructif en dépit des conditions difficiles qu'ils subissent. Cette attitude plus optimiste, moins fataliste sur les effets de l'adversité économique, doit cependant rester réaliste. Il ne s'agit pas d'entretenir l'illusion que toutes les conséquences négatives de l'économie pourront être gommées, mais que le développement de tout ce qui peut contribuer à renforcer la résilience peut être un réel atout dans une économie moderne.

Au plan économique, l'esprit de la résilience consisterait à mettre en œuvre tous les moyens permettant à ces ressources humaines et créatives de s'exprimer ou de s'exprimer à nouveau. Une part restreinte le fait déjà, mais le défi de nos temps modernes n'est-il pas de favoriser un mouvement plus large pour cultiver toutes les richesses humaines de notre économie ? Il est temps de s'inspirer des thérapeutes dont le regard sur les hommes et leurs difficultés comporte une plus grande espérance. Ce point de vue s'opposerait au regard cynique traditionnel pour rechercher l'élément positif, même le plus ténu, afin d'aider chacun à se frayer son propre chemin[12]. Ce nouveau regard vaut pour tous ceux que l'économie ou

---

12. Stefan Vanistendael, Jacques Lecomte, *Le bonheur est toujours possible, op. cit.*

l'entreprise écartent, qu'ils soient jeunes sans formation et à la recherche d'un premier emploi ou technicien qualifié dont la créativité, au sein de l'entreprise, est étouffée. Au creux des difficultés qui entravent l'épanouissement de leur vie professionnelle, il s'agit de rechercher l'aiguillon, cette *espérance réaliste* qui portera leur élan et leur renouveau.

L'ère de la ressource humaine jetable a peut-être pris fin.

Un autre regard : rechercher l'élément positif, même le plus ténu

Malgré les progrès économiques, le risque n'a pas disparu du fonctionnement de notre société. Le sentiment[13] qui semble dominer est que chacun est amené à gérer plus de risques qu'avant, car se serait au travers de sa capacité à affronter le risque que l'individu contemporain se construirait. Dans un contexte économique instable et incertain, chacun doit trouver sa voie et bâtir son avenir en puisant dans ses ressources et ses facultés. En favorisant une exposition personnelle plus élevée au risque, la société moderne offre donc à chacun à la fois un choix plus large de possibles, mais aussi plus d'aléas et d'inconnues. Cette plus grande responsabilité individuelle serait en même temps un risque et une chance. Le danger serait d'être gagné par l'immobilisme de peur de devoir subir un revers ; la chance, c'est celle d'être soi-même et de se réaliser. Une société, qui fait du risque l'une de ses valeurs clés, doit en parallèle favoriser une meilleure acceptation de l'échec. Or, trop souvent, seule la réussite est valorisée.

---

13. Ulrich Beck, *La société du risque*, Aubier, 1986.

Les individus en difficulté suscitent un phénomène de rejet. Pascal Bruckner[14] dénonce le culte du bonheur qui jette l'opprobre sur ceux qui n'y arrivent pas. La souffrance est mise hors la loi et l'expression publique de la souffrance est interdite : « *Il faut simuler dynamisme et bonne humeur dans l'espoir que l'affliction mise sous le boisseau finira par se dissiper d'elle-même* ». Il ajoute : « *nous écartons les malheureux, les blessés, les agonisants qui font violence à nos préjugés et "cassent l'ambiance"* ».

Avec des conditions de concurrence, au plan personnel comme au plan collectif, qui se font plus tendues et inflexibles, les meilleurs s'accrochent et tiennent, les autres sont distancés et capitulent. Cette alternative laisse peu de place à une troisième voie, celle de la résilience économique, qui offrirait à ceux que la vie économique condamne momentanément une vraie chance de recommencement. Pour cela, il est nécessaire que la société offre une espérance, voire des moyens, pour reconnaître les efforts de ceux qui, en dépit des circonstances, veulent surmonter leurs difficultés. Cette reconnaissance fait souvent défaut comme le montre l'écart qui existe entre les millions d'individus qui déclarent chaque année en France vouloir créer leur entreprise face aux quelques milliers qui osent sauter le pas.

Dans le domaine économique, de nombreux cas illustrent ces difficultés à exercer la résilience. Celui du sursaut de l'horlogerie suisse est peut-être l'un des plus intéressants. Au cours des années 80, la concurrence d'Asie du Sud-Est avait condamné cette activité, pourtant l'un des fleurons de l'industrie suisse de précision. Un ingénieur, Nicolas Hayek, prend le risque de lancer une contre-offensive ambitieuse en commercialisant la montre Swatch. Il décide de combattre, contre toutes attentes, l'industrie asiatique sur son terrain : la montre

---

14. Pascal Bruckner, *L'euphorie perpétuelle* (essai sur le devoir de bonheur), Grasset, 2000.

à quartz économique. Ingénieur de formation, Nicolas Hayek[15] met à plat toutes les étapes de fabrication et réussit à économiser plus de 30 % des coûts de réalisation d'une montre. Il double ce travail d'ingénierie d'une création attrayante pour concevoir ce qui deviendra un succès mondial. Quelques années plus tard, il parviendra à reprendre, puis redresser, les marques les plus prestigieuses de montres suisses qui lui doivent aujourd'hui leur survie. *« Personne ne croyait à mon projet et encore moins les dirigeants de l'horlogerie suisse »*, dit-il. En dépit de cette absence de reconnaissance, Nicolas Hayek a poursuivi son chemin, seul et déterminé. Parallèle troublant, la résilience de Swatch est contemporaine de la disparition des montres LIP.

La vision et la détermination sont des qualités rares pour affronter le mur d'incompréhension qui fait obstacle à la résilience. L'histoire ne manque pas de cas où les circonstances laissaient vraiment à penser que toute initiative était perdue d'avance. Le sort de Charles de Gaulle est certainement l'un de ces cas en raison de l'âge auquel il prend sa décision et de la solitude dans lequel il exerce son choix : *« À 49 ans, j'entrai dans l'aventure comme un homme que le destin jetait en dehors de toutes les séries »*[16]. Seul et contre tous, il incarne le combat de la France contre l'oppression nazie et vichyste : *« Il sent en lui une force qu'il ne soupçonnait pas (...) il y met toute l'expérience de sa vie (mots qu'il prononce à la BBC) »*[17]. Il cherche à partager ce sursaut avec le plus grand nombre de Français, mais peu répondent à l'appel. Seule une poignée de fidèles lui reconnaissent ce nouveau rôle. Cette reconnaissance, qu'il élargira pas à pas malgré la douleur d'être incompris, entretiendra sa flamme au lieu de l'éteindre. Il doutera, mais à aucun moment sa vision ne sera entamée.

---

15. Nicolas Hayek, au Forum de *L'Expansion*, 1990.
16. Charles de Gaulle, *Mémoire de Guerre*, Plon 1954.
17. Max Gallo, *De Gaulle, L'appel du destin,* Pocket, 1999.

*La résilience est le point précis
où la pression exercée sur les acteurs
économiques fait jouer l'élasticité
(propre à chacun d'eux) qui leur permet
de reprendre leur forme initiale.
Dans un monde économique
qui demande une souplesse permanente,
cette élasticité face aux turbulences est
un gage d'adaptation à l'adversité.*

La résilience économique se limite-t-elle à un individu ou prend-elle également un sens au niveau collectif ? Dans une situation de crise, la nécessité de rebondir s'applique aussi bien aux entreprises qu'aux marchés et plus largement à l'économie. L'évolution des marchés, qui résulte de la somme de comportements individuels agrégés, montre des signes de résilience. Au lendemain des attentats du 11 septembre 2001, que personne ne pouvait prévoir, l'indice de référence du Dow Jones chute de 14,26 % à 1 370 points, soit l'un des plus bas niveaux atteints depuis la crise de 1929. Les autorités monétaires américaines et européennes interviennent pour baisser les taux d'intérêt et la FED injecte 250 milliards de dollars de liquidités pour soutenir le système monétaire. Cette réaction immédiate provoque un regain de confiance, un sursaut des investisseurs et donc des marchés. Dans le passé, une telle évolution collective des marchés a pu être vérifiée. En 1962, la crise des fusées de Cuba place les États-Unis et l'URSS au bord d'un cataclysme nucléaire. L'inquiétude des investisseurs est majeure et les marchés affolés chutent de plus de 25 % en trois jours. Après la décision de l'URSS de retirer ses fusées de Cuba, l'indice S&P 500 regagne la moitié du chemin en moins d'une semaine et retrouve son niveau antérieur quelques mois plus tard. Au mois d'août 1990, lors de l'invasion du Koweit par l'Irak, l'indice S&P 500 chute de 14 % qu'il ne regagne qu'à l'issue de la guerre alliée au mois de février 1991.

Les marchés montrent une bonne capacité d'absorption des chocs inattendus et brusques qui affectent la vie internationale, leur rebond indique qu'ils peuvent faire preuve de sursaut en retrouvant, dans des délais assez courts, leurs fondamentaux économiques antérieurs à la crise.

Des entreprises montrent des cas de non-résilience. Frappées de plein fouet par une crise majeure, elles perdent pied et disparaissent avant d'avoir livrer bataille. Un éclairage des conditions de disparition en quelques mois d'une marque aussi prestigieuse qu'Andersen permettra de mieux comprendre cet enchaînement fatal.

Le défaut de résilience touche aussi les économies nationales. L'époque des dévaluations successives, qui semble bien lointaine, était un temps où les dirigeants cherchaient une sortie « par le bas » d'une crise (compétitive). En fait, l'expérience a montré combien cette démarche relevait de la capitulation, même si une dévaluation offrait momentanément un sursaut compétitif par le jeu des prix.

Face à l'adversité économique, l'optique de la résilience apporte une espérance – aucune situation critique n'est irréversible – et éclaire les conditions permettant aux acteurs économiques de dépasser une situation menaçant leur existence.

Au-delà de la volonté, l'exercice exige des qualités d'adaptation et surtout l'affirmation d'une vision claire de ce que l'on veut être, dans un contexte où les circonstances sont hostiles. À l'inverse, le défaut de résilience marque une perte de confiance et une capitulation face aux événements. Comme cette réaction est le résultat d'une histoire complexe de relations, un examen plus attentif des mécanismes de résilience, tels qu'ils sont expliqués par ceux qui analysent les comportements humains, contribuera à éclairer la notion de résilience appliquée aux comportements des acteurs économiques.

Les mécanismes de la résilience : une greffe de vie

Les thérapeutes insistent sur un point : la résilience ne constitue pas une nouvelle technique d'intervention, mais intègre dans une démarche cohérente différentes approches dont le dénominateur commun est de porter une attention plus positive sur les êtres humains et sur leur potentiel.

Les praticiens insistent sur ce changement de perspective qui offre de nouvelles occasions d'intervention pour favoriser l'expression de la résilience. L'animation de ce ressort apporte un espoir nouveau sur les chances des individus en difficulté. Cette capacité à rebondir ou à se reconstruire se « tricote » avec les fils affectifs que chacun trouve autour de lui. L'idée principale est qu'une attention plus réelle aux capacités d'évolution des individus suscite leur dépassement, réveille leur talent et leur donne les moyens de progresser.

Dans un fonctionnement économique où le pire est souvent présent, l'optique de la résilience apporte un remède au fatalisme des situations traversées par les individus, les entreprises et les nations. Les situations les plus dramatiques ne sont pas définitives et sur le plan professionnel, l'accent peut être mis plutôt sur les qualités que les carences des individus afin qu'ils recherchent la manière de surmonter leur handicap. Dans une économie qui progresse, mais qui crée aussi de la précarité, les épreuves professionnelles bouleversent et il faut pouvoir les affronter. La résilience, c'est le fait de réussir à tirer de la vie d'une situation désespérée. À bien des égards, la résilience s'apparente à une greffe de vie : c'est l'exposition d'une personne ayant subi un traumatisme à des sources de vie qui font renaître en elle un désir de vie. Nous retrouverons dans les démarches de l'insertion par l'économique cette idée de greffe favorisant un retour à la vie économique et professionnelle.

Des essais de formalisation ont été menés. Quatre degrés[18] de résilience sont proposés pour établir une progression dans le mode de survie :

---

18. Nancy Palmer, in *Le bonheur est toujours possible, op. cit.*

1. **La résilience anomique**
   Vivant dans un état de chaos constant, l'individu concentre toute son énergie sur sa survie et sa sécurité. En conséquence, il ne fait que très peu appel à ses ressources personnelles et à celles de son entourage. Prisonnier de ses difficultés, il développe des pensées négatives et des comportements destructeurs ; sa demande de protection est maximale.

2. **La résilience régénératrice**
   Dans cette phase se développent des compétences et des stratégies d'adaptation constructives. La personne met en œuvre des moyens plus efficaces pour gérer les défis que lui pose l'existence et commence à mieux exploiter ses ressources personnelles et celles de son entourage. Toutefois, cette amélioration demeure éphémère en raison des difficultés à affronter l'arrivée de nouvelles crises ou tensions.

3. **La résilience adaptative**
   Les périodes stables sont plus longues, malgré quelques coupures. L'individu parvient à porter un regard plus positif sur lui-même et plus confiant dans ses ressources personnelles et dans celles de son entourage. Cette confiance lui permet d'évoluer.

4. **La résilience florissante**
   À ce stade, la personne s'adapte bien aux réalités de l'existence et utilise pleinement son énergie. Elle éprouve un profond sentiment d'intégration personnelle et considère que la vie a du sens et qu'elle peut la maîtriser.

Il ressort de cette classification que les deux principaux facteurs de la résilience reposent d'une part sur la capacité à saisir, puis mobiliser, des ressources internes et externes, comme le soutien de l'entourage, et d'autre part sur la capacité à visualiser son avenir. D'autres praticiens[19] formulent de la manière suivante les dix clés nécessaires pour activer la résilience :

1. **Diagnostiquer les problèmes et les ressources**
   L'approche traditionnelle qui consiste à établir un diagnostic, formuler une solution et l'appliquer à un individu, ne suffit pas. Dans l'optique de la résilience, il s'agit de repérer les ressources de la personne pour les activer. L'idée est de l'aider à s'appuyer sur ses ressources pour lui permettre de dépasser sa souffrance, se reconstruire et retrouver le désir de reprendre vie.

2. **Prendre en compte l'entourage**
   L'entourage est appelé à jouer un rôle crucial. La personne doit donc être considérée dans son réseau de relations sociales. La famille, les voisins, les collègues ou les enseignants peuvent apporter un soutien décisif dans la reprise de confiance en soi.

3. **Considérer la personne dans son unité**
   La résilience incite à considérer chaque personne comme une unité vivante. Cela demande de prendre en compte l'ensemble des facteurs qui peuvent agir de manière favorable sur son comportement, sans chercher à privilégier un facteur plutôt qu'un autre.

4. **Réfléchir en termes de choix et non de déterminisme**
   L'approche tranche avec une vision mécanique et déterministe de l'être humain pour, à l'opposé, en saisir tout le potentiel. La prise en compte de ce potentiel débouche

---

19. *ibid.*

sur un plus grand nombre d'alternatives à exploiter. En repoussant les idées préconçues, le champ des possibles peut ainsi être élargi. Rien n'est joué d'avance et personne n'est condamné *a priori*. La notion de résilience apporte l'espoir que l'homme n'est, en fait, jamais sans ressources face aux difficultés de la vie.

5. **Intégrer l'expérience passée dans la vie présente**
Dans l'optique de la résilience, le passé ne détermine pas complètement le présent. L'avenir se construit donc dans un présent qui émerge du passé, mais sans que le poids du passé n'entrave le développement de l'individu. Une personne qui a vécu des événements malheureux ne peut pas les effacer. C'est pourquoi, la résilience ne se limite pas au simple rebond (qui serait un retour à la situation antérieure), mais ouvre une nouvelle étape de la vie qui intègre les cicatrices du passé : « *Cet enchevêtrement de la souffrance passée et de la résilience présente conduit de nombreuses personnes résilientes à faire preuve d'un étrange mélange de force et de fragilité. La fragilité leur vient de l'épreuve subie, la force de l'épreuve surmontée* »[20].

6. **Laisser une place à la spontanéité**
L'idée que la vie se maîtrise totalement est une illusion. De nombreux facteurs échappent à notre contrôle. Il est donc important de laisser une place à la spontanéité, notamment dans des domaines qui se construisent de manière non-intentionnelle comme l'acceptation de la personne, la découverte de sens, l'estime de soi ou l'humour.

---

20. G.N. Fisher, *le ressort invisible, vivre l'extrême,* Paris, Seuil, 1994 in *Le bonheur est toujours possible, op. cit.*

7. Reconnaître la valeur de l'imperfection

La perfection comme idéal de vie est un leurre. L'esprit de la résilience incite à une recherche des chemins possibles en équilibrant les risques et les protections. Ce cheminement pragmatique s'oppose au perfectionnisme. L'homme est vulnérable aux aléas de la vie et à son imperfection qu'il doit accepter tout en ayant la volonté constante de s'améliorer.

8. Considérer que l'échec n'annule pas le sens

L'absence de succès ou un succès partiel ne sont pas pour autant des synonymes d'échec. De nombreuses actions humaines n'aboutissent pas à un succès, mais ne sont pas pour autant dépourvues de sens : « *Une vie riche se tisse d'un mélange d'activités qui apportent un maximum de sens pour nous-mêmes et pour les autres, certaines étant couronnées de succès, d'autres pas !* »[21]. Le succès est nécessaire pour se construire, mais il est insuffisant à satisfaire le besoin de sens d'une vie.

9. Adapter son action

Les individus sont appelés à prendre des décisions sans disposer de toutes les informations nécessaires pour exercer leur choix. Les spécialistes de la résilience parlent de facteurs de risque et de facteurs de protection pour tenter de réduire les premiers et d'augmenter les seconds. Toutefois, il n'est pas toujours évident de déterminer à l'avance le degré de risque et de protection de telle ou telle décision. Par exemple, dans le domaine de l'insertion économique, une approche équilibrée est celle de conjuguer une prise de risque (création d'entreprise) dans le cadre sécurisant

---

21.Stefan Vanestendael, Jacques Lecomte, *Le bonheur est toujours possible, construire la résilience, op. cit.*

© Éditions d'organisation

de l'essaimage (tutorat de l'entreprise dont est issu l'ancien salarié) pour reprendre une activité économique avec une exposition progressive au risque.

10. Imaginer une nouvelle forme de politique sociale

Les thérapeutes définissent clairement l'enjeu de cette politique sociale : *« comment mettre en place des cadres économiques et des services sociaux qui stimulent les ressources des personnes, sans que cela entraîne une trop grande dépendance à l'égard de ces mêmes services ? »*

Cette formalisation des mécanismes de résilience a surtout été réalisée pour répondre aux situations d'individus en grande difficulté sociale. Il est symptomatique de constater que cette approche peut être aujourd'hui adaptée aux individus qui traversent des difficultés économiques moins dramatiques dans l'absolu, mais tout autant troublantes. Notre société se caractérise par une plus grande sensibilité aux événements qui bouleversent la vie professionnelle. Tandis que le poids du risque tend à être reporté sur celui qui est supposé en être à l'origine[22], la responsabilité individuelle est diluée et mal assumée. Par exemple, le risque lié au travail est perçu comme relevant systématiquement de la responsabilité de l'employeur. Ce comportement explique que tout aléa ou changement dans la vie de l'entreprise soit souvent vécu comme une atteinte personnelle et puisse se traduire par un repli sur soi. Dans ce cas, la prise d'initiatives et l'adhésion des individus déclinent. Les énergies s'éteignent.

Alors que l'entreprise compte sur la mobilisation de chacun pour survivre, elle fabrique du mal-être qui freine son dyna-

---

22. Entretien avec François Ewald, « Les Français voudraient le risque zéro », *L'Express,* 6 février 2003.

misme. La rupture que l'on constate entre les cadres, mais qui s'étend à tous les salariés et les équipes dirigeantes, va poser un problème croissant dans un contexte de plus grande rareté des ressources humaines. La nécessité croît de réparer ce mal-être, de reconnaître le potentiel de ceux qui ont été fragilisés, voire écartés, et de leur donner les moyens de rebondir. Mais, comme la résilience ne se décrète pas, il faut s'interroger sur le contexte économique et social qui favorisera et encouragera le mieux ce renouveau des individus. Dans un monde économique très compétitif, l'entreprise devra sa survie à l'implication des individus dans le renouvellement de leur organisation. Cette capacité d'auto-renouvellement se trouve être l'un des principaux moteurs de l'innovation, source de création de nouvelles activités.

Le système économique repose donc sur la fragile aptitude humaine à continuellement se reconstruire dans un monde turbulent et en évolution rapide. Alors que la science économique s'ouvre, avec la remise du prix Nobel d'économie 2002 au psychologue Daniel Kahneman, à la prise en compte des comportements humains, en quoi le capitalisme peut-il être perçu comme un exercice continu de résilience économique ?

Dans un monde économique très compétitif,
l'entreprise devra sa survie à l'implication
des individus dans le renouvellement
de leur organisation.
Cette capacité d'auto-renouvellement
se trouve être l'un des principaux
moteurs de l'innovation,
source de création de nouvelles activités.

Le capitalisme : un exercice continu de résilience

« L'intelligence qui préside à la fois à la recherche scientifique, au dynamisme des entreprises, à leur goût du risque, fait vivre l'économie et la société en perpétuelle ébullition. »

Jean-Paul FITOUSSI

Destruction et création

Le capitalisme est souvent mis en accusation en raison de la violence de ses soubresauts. Joseph Schumpeter, qui en a décrit le mécanisme comme étant celui d'un enchaînement de destructions et de créations d'activités, est critiqué par ceux qui ne veulent retenir que la somme de destructions que le capitalisme génère. Cette somme de destructions et d'injustices amènerait le système à sa perte. Ainsi condamné, le capitalisme aurait dû disparaître, or il fait preuve d'une extraordinaire vitalité pour survivre, même à ses pires excès. Face à cette condamnation permanente du système, dans lequel pourtant les entrepreneurs inscrivent leur développement, où puisent-ils leurs ressources ?

La perspective d'une rente justifie leurs efforts. Dans l'optique de Schumpeter, la rente acquise ne constitue qu'une récompense passagère de l'esprit créatif. Le processus qu'il décrit fonctionne en dynamique, c'est-à-dire que la rente de l'innovateur est appelée à disparaître avec l'arrivée de nouveaux produits et techniques qui mettront en question ce monopole temporairement acquis. Sans distorsion de concurrence, la rente demeure passagère et la menace de sa disparition pèse à tout moment sur l'entrepreneur. Si aucun obstacle n'entrave la mise en concurrence des idées et des projets, les entreprises innovantes ne peuvent échapper à la montée de nouveaux progrès techniques. À moins de rester artificiellement dans la course, elles sont appelées à disparaître lorsque leur capacité d'innovation s'essouffle. Si elles renouvellent à temps leurs produits, leurs technologies et leurs systèmes de production, ces entreprises survivent et poursuivent leur croissance. Ce mouvement de destruction créative est globalement créateur de richesses nouvelles et d'emplois. À l'échelle nationale, la relation entre l'effort de recherche et développement (R&D), l'innovation et le chômage[23] montre que la croissance des dépenses de R&D explique 60 % de la variance du chômage et qu'un effort supplémentaire de 20 % des dépenses de R&D des entreprises françaises permettrait une réduction de 0,4 point du taux de chômage.

Dans destruction créatrice, il y a destruction et création. Les deux termes ne sont pas toujours équilibrés et surtout synchrones. Ils ne sont pas équilibrés, car l'acceptation de la créativité et de l'innovation exige une écoute, une acceptation des marchés, qui est loin d'être fluide et rapide (Roland Moréno rappelle souvent que près de 20 ans se sont écoulés entre l'invention et l'industrialisation de la carte à puce) ; les deux termes ne sont pas synchrones, car les deux phases du développement du capitalisme ne se réalisent pas simultanément dans le temps et dans l'espace. À ces délais inévitables d'ajustements s'ajoutent les distorsions de concurrence qui retardent l'impact positif de la destruction créatrice

---

23. Rémy Prud'homme Université de Paris XII, Pierre Kopp Université de Paris I, « Corrélation effectuée sur la période 1992-1999 pour les principaux pays industrialisés », 2002.

sur la croissance[24]. L'innovation figure parmi les facteurs de croissance les plus stimulants en produisant une effervescence qui est
la marque même de la vie économique. En ce sens, la vision de
Schumpeter est extraordinairement positive et gaie puisqu'elle
repose sur une dynamique associant le goût du risque, de la création
dans une perpétuelle ébullition[25].

Dans cette ébullition continue, deux forces s'opposent : l'effervescence
créative est favorisée par la perspective de capter une rente que l'émergence de concurrences vise à contenir, voire à annuler. La dynamique
du système est optimale quand le progrès technique permet aux créations
d'activités de dépasser les disparitions d'activités. Le système gagne en
fluidité quand l'acquisition de rentes liées à l'innovation s'accompagne
d'une concurrence capable d'endiguer les excès de positions dominantes.

**Même si le gain global qui en résulte pour l'économie est large-
ment positif**, les innovations d'aujourd'hui, en chassant du marché
celles d'hier, provoquent des dégâts. Sur le plan humain, ces mutations
sont douloureuses, tant pour ceux qui subissent la phase de destruction,
que pour ceux qui font le difficile choix de faire reconnaître la valeur
économique de leur innovation. Une vision partielle consiste à ne voir
que les difficultés de ceux qui endurent les « horreurs » de la destruction
en ignorant le parcours, souvent laborieux, de l'entrepreneur créatif.
Pourtant, dans les deux cas, les uns et les autres affrontent une période
d'adversité ; dans les deux cas, ils ont besoin d'un environnement propice
à encourager leurs efforts et à entretenir leur confiance. Les premiers
pour s'adapter à la nouvelle donne et les seconds pour persévérer malgré
les embûches. Dans les deux cas, leurs qualités latentes de résilience

---

24. Ricardo Caballero, Mohamad Hammour, « Creative Destruction and Development »,
NBER working paper N° w7849, Août 2000.
25. Jean-Paul Fitoussi, « Capitalisme (s) », *Le Monde*, 13 septembre 2002.

s'animent de manière plus efficace dans un environnement qui repousse le déterminisme et les idées à l'emporte-pièce (comme par exemple : « cette initiative est vouée à l'échec », « cette technologie n'a aucune chance de percer » ou « ils sont dépassés, ils ne s'en relèveront pas ! »). Combien connaissons-nous de victimes de tels jugements hâtifs qui ont pourtant réussi à imposer leur vision et leur choix ? Quel est l'arbitre impartial qui leur a donné tort ou raison ?

Dans l'économie de marché, c'est le marché qui est le lieu d'appréciation, sans complaisance, de la valeur des choses en fonction de leur utilité. À la condition d'en accepter la sanction, qu'elle soit positive ou négative, le marché joue le rôle d'arbitre objectif de l'intérêt économique des initiatives individuelles et collectives. Sur le plan des anticipations, sa fonction est d'offrir aux entrepreneurs une perspective, celle de la réalisation de tous leurs possibles.

Or, quand les marchés fonctionnent de manière imparfaite, cet horizon devient trompeur. Les distorsions de concurrence troublent le jeu des acteurs et faussent leur information ; la défiance récente envers les marchés d'actions, qui mesurent la valeur des entreprises, montre comment le désarroi des investisseurs peut s'étendre à tout le système. Quand le marché perd sa légitimité à mesurer la valeur des biens et des idées, la vie économique se bloque ; devant le Sénat américain, le Président de la banque centrale américaine (la FED), Alan Greenspan, s'est inquiété de ce risque : « *La falsification et la fraude détruisent le capitalisme et la liberté de marché et, plus largement, les fondements de notre société* ». L'économie de marché est frappée au cœur : la confiance dans l'avenir, qui entretient le pari des investisseurs et des entrepreneurs, se fait sur des bases trompeuses et illusoires. Les marchés servent alors la manipulation des rêves[26] et

---

26. *ibid.*

non plus la perspective de pouvoir les réaliser. Les entraves au déploiement du processus schumpétérien alimentent cette illusion. Tandis que le processus de destruction créative conduit au progrès par la création de valeur en liaison avec l'innovation, une course privilégiant uniquement la taille accroît les barrières à l'entrée de nouveaux acteurs, ralentit le cycle créatif et conduit à l'appauvrissement. La distorsion du système, qui est allée jusqu'au trucage des comptes, donne au capitalisme le visage détestable que l'actualité nous a récemment fait découvrir. Résultat : la défiance des investisseurs dans les marchés gagne les sommets, tandis que les valorisations des entreprises chutent au plus bas.

Les mouvements de création et de destruction d'activités sont indissociables. Leur intime imbrication entretient l'ébullition économique qui caractérise notre société et la fait progresser. Quand le marché ne joue plus que partiellement son rôle comme lieu de reconnaissance des innovations, ce fonctionnement est altéré et il devient plus cassant. Les mutations technologiques s'imposent avec plus de violence, à l'image d'un barrage qui céderait sous la pression des eaux, contrairement au processus continu d'ajustements technologiques, comprenant la disparition progressive des acteurs non compétitifs, que décrit Schumpeter. Le blocage du processus schumpétérien par un contrôle du marché, au-delà de ce qu'autorise l'innovation, vise à « *vivre tranquille en réduisant l'intensité de la concurrence. La rente ne provient plus d'aucune ingéniosité, d'aucun effort d'innover, mais simplement de la puissance* » [27]. La puissance permet l'élimination de ceux qui gênent et qui s'illusionnent en mettant leur confiance dans le marché comme lieu de reconnaissance de leur savoir et de

---

27. *ibid.*

leurs capacités inventives. Le marché n'est plus un appui, mais se dresse comme un mur infranchissable.

Dans une économie qui tend à devenir une économie du savoir, un excès de protections commerciales (créant des barrières à l'entrée) et une protection insuffisante de la propriété intellectuelle (pour en tirer profit) risquent de décourager l'innovation.

L'engouement excessif pour la « nouvelle économie »

L'euphorie des marchés en faveur des innovations a conduit à des désillusions encore plus profondes. L'émergence d'une nouvelle révolution technologique, celle de l'économie numérique, dans un climat de surenchère des acquisitions effectuées par les entreprises a tourné court. Des stratégies offensives de croissance externes ont été menées pour doper les cours de Bourse à coups d'investissements dans le secteur des nouvelles technologies. Ces comportements ont été trompeurs pour les actionnaires des groupes qui se sont livrés à cette fuite en avant ; par ailleurs, ces acquisitions, qui ont porté l'espoir de nombreux entrepreneurs, ont été réalisées à des valorisations trompeuses jetant le discrédit sur toutes les initiatives relatives aux télécommunications et à l'Internet. La vitesse du retour sur investissement attendu était sans rapport avec la montée en puissance d'activités prometteuses, mais encore fondées sur des modèles économiques trop fragiles et instables. De nombreux entrepreneurs et investisseurs, qui ont cru à leur nouvelle et rapide prospérité, sont aujourd'hui ruinés. Pourtant, tout s'annonçait bien. Le financement de l'innovation semblait atteindre une maturité nouvelle montrant toute la force d'action du capitalisme financier à saisir l'occasion de développer de nouveaux pôles de croissance. Au plan microéconomique, des structures dédiées de financement ont été créées, comme en France Europ@web du groupe LVMH, pour tirer parti des nouvelles technologies de l'information et de la communication.

Leur intérêt s'est rapidement traduit par des prises de participation significatives dans de nombreux projets innovants. Cette reconnaissance instantanée de la valeur des initiatives liées à l'Internet a apporté énormément d'oxygène aux « jeunes pousses ». Pour la première fois, l'écoute des entrepreneurs par le marché des financiers de l'innovation était instantanée ; elle a même certainement dépassé tous leurs espoirs. La perspective d'une valorisation exponentielle a décuplé les initiatives et les créations d'entreprises. Le marché a joué son rôle en offrant une percée fantastique à des milliers d'entrepreneurs qui, bercés d'illusions, ne rêvaient plus qu'à une introduction en Bourse et son jackpot après seulement dix-huit ou vingt-quatre mois d'activité…

Les déconvenues ont été à la mesure de la chute des marchés. L'éclatement de la bulle de l'Internet laissera le goût amer d'une immense occasion perdue, celle de raccourcir les circuits de décision aboutissant à l'acceptation, puis au financement d'idées innovantes. L'écoute des financiers, leur volonté de reconnaître la valeur future du projet par un investissement conséquent immédiat, le pari qu'ils décidaient de partager avec les créateurs, étaient autant de comportements positifs qui souffriront, au moins à court terme, de l'effondrement des marchés. Il reste à espérer que ce traumatisme ne rende pas frileux pour longtemps les comportements d'investissement qui se sont exprimés en faveur des nouvelles générations de technologies et qu'il faudra reconstruire sur des bases plus solides.

Quand la part de rêve du créateur disparaît, c'est toute la vie économique qui est pénalisée. Sans horizon, l'élan d'entreprendre est brisé et le contexte offert par la récente euphorie de la « nouvelle économie » montre qu'un horizon trop éclatant peut être tout aussi trompeur. Au-delà de cet engouement excessif, il faut reconnaître la puissance de mobilisation du phénomène que l'on vient de vivre. Le bouillonnement des projets, l'accueil positif des investisseurs et leur empressement à proposer des moyens de financement auront créé une ouverture sans précédent. Les acteurs de cette ébullition ont eu le sentiment de contribuer à une puissante accélération de la vie économique, mais sans percevoir la surenchère à laquelle ils participaient malgré eux.

Les excès de la « nouvelle économie » devront être digérés, comme ceux qui ont marqué les spéculations insouciantes des précédentes vagues d'innovations. Alors qu'il faut penser à reconstruire le mode de financement des nouvelles technologies (dont on sait qu'elles portent une véritable révolution industrielle), au moins deux leçons mériteraient d'être retenues :

- la première serait de ne pas abandonner à la hâte les « bonnes vieilles » règles de l'économie pour que la part de rêve des entrepreneurs, des capitalistes et des actionnaires s'appuie sur des « fondamentaux » plus solides ;
- la seconde leçon serait de pouvoir conserver la mémoire d'un processus d'investissement plus rapide et efficace. Au total, la première vague de l'Internet aura montré qu'une attention plus marquée des investisseurs aux projets innovants, dans le cadre d'un fonctionnement plus vivant du marché des idées, accroît les perspectives de réussite des individus et de leurs entreprises, mais à la condition que leur horizon ne se transforme pas en mirage !

Start-ups/start down/*re-Start-ups !*

Malgré les écueils, le mouvement de la nouvelle économie ne s'arrête pas, il fait même preuve d'une étonnante capacité à se reconstruire. Seulement dix-huit mois après le krack du NASDAQ, plusieurs entreprises pionnières de l'Internet, dont l'existence était condamnée, annoncent des résultats que personne n'attendait plus. Au troisième trimestre 2002, Amazon, le numéro un mondial de la vente en ligne, a réussi l'exploit de réduire en un an son endettement (qui devait l'emporter) de 170 à 35 millions de dollars ; le site du voyage en ligne Expedia annonce un bénéfice de plus de 20 millions de dollars, tandis que le site Yahoo ! (premier portail mondial) parvient à réaliser deux trimestres consécutifs de profit de près de 30 millions de dollars chacun. Ces entreprises n'ont pas abandonné. Elles ont considérablement revu leur organisation avec des diminutions d'effectifs comprises entre 12 et 15 % tout en pariant sur le nombre croissant d'internautes pour atteindre la masse critique qui leur faisait défaut. Surtout, ces entreprises ont remis en question le modèle économique fondé sur le gratuit et la publicité et maintenu un positionnement BtoC (vers le consommateur final) tandis que le BtoB (échanges interentreprises) ne parvenait pas à décoller en raison de la baisse des investissements en systèmes d'information des entreprises.

Ce mélange de vision et de remise en question des choix ultérieurs a été essentiel dans l'adaptation de ces entreprises. Tandis que de nombreuses « start-ups » sont passées de vie à trépas, d'autres ont fait preuve de pragmatisme pour s'en sortir et survivre. Cette capacité d'action de chaque acteur, leur vitalité à rebondir dans un contexte difficile, représentent une des chances de survie du système. Si les économies de marché ont de telles capacités d'adaptation, c'est parce qu'elles sont décentralisées : « *Le marché produit sans cesse les instruments de sa survie, de sa guérison, de son essor* »[28].

---

28. Denis Kessler, *op. cit.*

Si les économies de marché ont
de telles capacités d'adaptation,
c'est parce qu'elles sont décentralisées :
« Le marché produit sans cesse
les instruments de sa survie,
de sa guérison, de son essor ».

En d'autres termes, le capitalisme repose sur un exercice permanent de résilience des individus, des entreprises et des nations. À chaque niveau de l'action économique, la pression de la concurrence s'exerce et exige des adaptations pour rester compétitif. La survie du système dépend d'acteurs économiques qui, face à l'adversité, plient mais résistent en mobilisant les moyens de se renouveler. La résilience des acteurs économiques contribue à la reconstruction permanente du système, lui permettant de survivre alors que tout semble le condamner.

Le capitalisme survivra-t-il à la confiance brisée dans les capitalistes ?

Au plan global, Denis Kessler s'amuse du doute permanent entretenu sur les chances de survie du capitalisme qui subsiste, n'en déplaise, dit-il, aux détracteurs du libéralisme, qui se promènent toujours avec une gerbe à la main pour l'enterrer ! Face à cette mort sans cesse annoncée, le signe extérieur qui anime la résilience des agents économiques est bien la réponse positive qu'ils recherchent et trouvent dans le fonctionnement des marchés, arbitres de leurs choix économiques et moteur de la réussite de leurs nouveaux projets. Cependant, quand les marchés troublent l'émission et la perception de ces signes extérieurs favorables au lieu d'offrir une règle du jeu plus transparente, les « condamnés » du progrès économique perdent leurs repères et donc des occasions d'animer toute leur créativité.

La question de la participation des hommes au fonctionnement du système capitaliste ne se limite pas à l'insertion des individus dans l'entreprise, elle concerne aussi la question de ceux qui les dirigent. Or, les capitalistes adoptent des comportements déviants qui menacent la pérennité de l'économie de marché. Tandis que le modèle capitaliste a survécu au modèle alternatif de l'économie planifiée, qu'il a résisté aux périodes de guerre, aux tensions commerciales, à la montée du terrorisme et à une critique virulente contre la globalisation, ce sont les hommes qui dirigent certaines des plus grandes entreprises qui ont fait peser la menace la plus grave sur son avenir. La multiplication des débâcles touchant des entreprises comme Enron, Arthur Andersen, Worldcom ou Vivendi Universal, pose une question fondamentale : le capitalisme survivra-t-il aux capitalistes[29] ?

Le doute qui s'est installé au sujet de la véracité des comptes des entreprises a ouvert une profonde crise de confiance dans le système lui-même. Un analyste financier a utilisé l'image suivante pour décrire cette crise de confiance : « *si vous apercevez dans la cuisine d'un restaurant un cafard, vous pensez que sa présence en annonce certainement beaucoup d'autres, c'est la même chose pour les comptes des entreprises !* ». Or, la confiance a toujours été un élément fondateur de la réussite du capitalisme. L'assainissement qui a suivi la crise de 1929 a favorisé un retour de la confiance après que les tricheries des dirigeants aient coûté leurs économies aux épargnants qui leur avaient fourni le capital. Une intervention publique a permis de réguler le jeu des marchés. La création de la SEC en 1934 a instauré la transparence comme clé de voûte du système. Le champ de décision des dirigeants était libre à la condition d'informer les investisseurs et les marchés de leurs actions. Un ensemble de protection s'est mis en place pour satisfaire cette exigence comme la certification des comptes par un auditeur indépendant. Le fonctionnement du capitalisme ne reposait plus exclusivement sur la confiance accordée aux dirigeants, mais également sur la confiance accordée à un corps

---

29. Kurt Eichenwald, « Can capitalism survive capitalists ? Bet on it », *New York Times,* 1er juillet 2002.

d'auditeurs intègres et à des autorités de tutelle vigilantes (ne dit-on pas *market watchdog* !).

Ces garde-fous ont été dépassés sous l'emprise de l'euphorie des années de croissance de la fin des années 90 et de la bulle spéculative qui a affecté le secteur des télécommunications et des médias. Les opérations de manipulation de résultats se sont multipliées pour offrir aux investisseurs une vision fausse, mais positive de la valeur de l'entreprise. Tant que le cours de Bourse était orienté à la hausse, aucun acteur n'avait intérêt à douter des chiffres qui étaient annoncés.

Les conséquences de tels comportements ont été désastreux car ils ont amené les investisseurs à s'interroger sur la validité des comptes, non seulement de quelques entreprises, mais de toutes les entreprises, entraînant une défiance généralisée. Le capitalisme survivra-t-il à cette confiance brisée ? Oui car le système possède, en lui-même, des forces de rappel pour en corriger les erreurs ou les abus. Ce mécanisme repose sur un ressort simple : la survie du système est la sortie « par le haut » qui garantit les perspectives de profit de tous les acteurs impliqués dans son fonctionnement. Une alliance objective les réunit pour lutter contre l'érosion de la confiance qui affecte les marchés, freinent le financement des entreprises tandis qu'elles ne parviennent plus à mobiliser le capital dont elles ont besoin pour financer leur croissance. La rapidité de la disparition d'Andersen ou des sanctions qui ont touché certains dirigeants d'entreprises illustre ce sursaut du système à restaurer la confiance indispensable à sa survie.

Si le système survit, il n'en épuise pas moins ses ressources humaines en raison des freins qui entravent son propre fonctionnement. Tous les carcans qui font obstacle au rôle du marché comme lieu de reconnaissance des initiatives individuelles et collectives, repoussent l'expression de nouvelles concurrences. Le défaut d'accès

« *Il faut s'interroger sur la déperdition que représente une économie où les ressources humaines sont facilement mises au rebut alors que leur réemploi deviendra capital.* »

au marché retarde ou bloque le mécanisme de renouvellement du système qui est fondé à la fois sur la sanction négative qui frappe les innovations dépassées et sur la sanction positive qui valorise les nouveaux produits et services. Toute entrave à la destruction créative devient un obstacle à la mise en œuvre de nouvelles sources de croissance et de créations d'emplois. Or, curieusement, les obstacles à la destruction ne sont-ils pas moins forts que ceux qui existent à la création ? Quand les entreprises prennent les mesures que leur impose la réalité économique, l'attention des pouvoirs publics n'est-elle pas d'abord centrée sur les conséquences de la destruction d'emplois et pas assez sur les conditions de création de nouvelles activités dans le cadre, et hors du cadre, de ces entreprises ?

Cette question est à examiner dans un nouveau contexte pour les pays industrialisés et notamment la France. La ressource humaine, comme facteur de production, tend à devenir de plus en plus rare. Aujourd'hui, même les emplois à faible savoir sont concernés[30], tandis que les entreprises éprouvent également des difficultés croissantes à retenir et mobiliser leurs talents. Les tensions qui s'annoncent sur le marché du travail poussent à repenser totalement la manière dont les compétences doivent être gérées. En particulier, il faut s'interroger sur la déperdition que représente une économie où les ressources humaines sont facilement mises au rebut alors que leur réemploi deviendra capital. Ce nouveau regard sur la richesse humaine et sur le potentiel de chacun est un changement profond. Il exige une écoute et une reconnaissance du potentiel de chacun qui font encore largement défaut. L'économie fonctionne encore sur le mode taylorien qui veut que le travail soit

---

30. Au-delà d'un rythme de croissance de 3 % par an, des tensions sont clairement apparues sur les capacités de production comme sur l'emploi.

© Éditions d'organisation

indifférencié et interchangeable, et qui s'accommode d'une situation où chacun est « dans » ou « hors » du système, mais rarement « en devenir ».

Désormais, il faut compter avec le potentiel d'initiative, de formation et de créativité individuelle pour enrayer la déperdition de valeur humaine à laquelle on assiste. Dans une économie de progrès technique rapide et constant où les ressources humaines tendent à se raréfier en qualité et en quantité, la mise au rebut des individus s'apparente à une destruction de capital.

Pourquoi les ressources humaines ne sont pas infinies

Déclassement d'activités et exclusion

Sous la poussée du progrès technique, le mécanisme de déclassement d'activités comporte des aspects humains qui ne se règlent pas dans l'instant. Des hommes et des femmes ayant fondé leur avenir et leur subsistance sur une activité voient souvent celle-ci péricliter sans espoirs immédiats. Des images frappent plus que d'autres. Le développement des autoroutes a ruiné une multitude de garagistes et de restaurateurs qui bordaient les anciennes grandes routes nationales, comme la célèbre RN 7, et dont subsistent quelques enseignes rouillées. Le progrès en faveur d'une plus grande mobilité des hommes et des marchandises est passé par la mise en place de réseaux autoroutiers qui ont déclassé l'intérêt des routes nationales. Cette évolution du progrès est une aubaine pour certains, mais constitue une épreuve difficile pour ceux qui doivent en affronter les conséquences.

La mise au rebut des individus dont les activités ont décliné, voire disparu, montre que le système s'est largement appuyé sur une ressource humaine qui a toujours été considérée comme infinie.

La progression de la prospérité de tous valait bien le sacrifice de quelques-uns. Si tout est rose, pourquoi tant de larmes[31] ? Le système détruit des emplois au nom du progrès et cette dimension humaine est certainement la face la plus choquante d'une réussite économique peu soucieuse du sort des individus qu'elle rejette. Mais le contexte change et il serait fâcheux de ne pas le percevoir. Les ressources humaines ne sont pas infinies comme le montrent les facteurs suivants :

- dans une économie où le savoir joue un rôle croissant, une part grandissante du capital créatif repose sur les hommes dont la compétence et le talent ne sont plus aisément remplaçables. Les inquiétudes actuelles sur la fuite des cerveaux en sont une illustration.
- alors que notre société a laissé se creuser un fossé entre des hyperactifs épuisés et des inactifs qui ont de moins en moins d'intérêt économique à revenir dans le système productif en raison des effets pervers produit par des dispositifs d'aides trop avantageux. De nombreuses entreprises peinent à trouver du personnel formé et qualifié, y compris pour des tâches de base.
- la quantité d'offre de travail décline. Des tensions majeures sur l'emploi sont d'ores et déjà annoncées en raison du vieillissement de la population active.

Cet ensemble de facteurs, qui ne sont pas exhaustifs, indique que la destruction d'emplois au nom du progrès, et qui ne menait qu'à une exclusion de la sphère active, devient une absurdité non seulement humaine, mais économique. Elle tourne au gaspillage de ressources humaines par la mise à l'écart de pans entiers de la population active,

---

31. Daniel Cohen, *Nos temps modernes, op. cit.*

dont pourtant une large partie détient, en potentiel, des atouts (expérience, savoir-faire, connaissances, etc.) qui pourraient utilement contribuer à la transformation des entreprises et du système.

Nous touchons au cœur de la question. Si une aspiration croissante à vouloir réduire le gaspillage humain qui est issu de la destruction d'activités se forme, comment la société peut-elle accroître la reconnaissance du potentiel de chacun à participer activement à de nouvelles initiatives économiques ?

Dans un contexte d'accélération du progrès, cet enjeu apparaît crucial. En effet, les phases de transition se multiplient avec de fortes réallocations de ressources touchant en priorité le travail. Les gains de productivité permis par les technologies passent par un apprentissage professionnel continu qui ne peut fonctionner que si les ruptures de parcours ne mènent pas à l'exclusion. « *Chaque étape franchie grâce aux techniques exige de l'homme qu'il mobilise un effort toujours croissant pour maîtriser celles-ci* » rappelle Daniel Cohen[32]. En fait, chacune de ces étapes est pour l'homme une occasion de résilience. Une occasion qu'il ne pourra saisir que si son potentiel est reconnu et son aptitude à apprendre sollicitée.

Face au changement, nous savons que les réponses individuelles sont très différentes dans le temps et en fonction des circonstances, y compris pour un même individu. Face à l'obligation de surmonter une crise ou les conséquences d'une rupture technologique, la réponse des entreprises ne sera pas non plus identique. Alors que leur existence est menacée, certaines entreprises trouveront le ressort indispensable à leur renouveau. Les autres ne se relèveront pas. Que seraient les chances de survie du capitalisme sans la rési-

---

32. *ibid.*

lience des hommes leur permettant de dépasser des situations aux pronostics les plus incertains pour accepter de nouveaux risques et continuer à entreprendre ?

Adaptation et mobilité

En juin 2001, une étude du *National Bureau of Economic Analysis* (NBER)[33] s'interroge sur l'évolution des industries textiles et de l'habillement depuis 1972, c'est-à-dire depuis la montée de la pression concurrentielle des pays d'Asie du Sud-Est sur ce secteur d'activité. L'objectif a été d'observer si ces activités ont été seulement frappées par une pure destruction, en raison d'une concurrence qui menaçait leur existence, ou si un phénomène de destruction créative pouvait être identifié. Les principales conclusions indiquent que l'exploitation des données concernant l'ensemble des industries textiles et d'habillement montre des signes de déclin en accord avec l'idée générale. La part des industries du textile et de l'habillement dans l'activité industrielle se réduit. En revanche, une analyse plus fine, exploitant des données plus détaillées, indique que les réponses des segments de ces industries sont loin d'être uniformes. Dans le textile, des investissements importants ont permis une production plus capitalistique, tandis que dans l'habillement de nouveaux modes d'organisation plus prompts à répondre à la demande des consommateurs ont contribué au redressement de la compétitivité. Cet exemple illustre à la fois un phénomène de destruction d'activité dans un secteur frappé de plein fouet par une concurrence étrangère virulente, mais aussi le

---

33. Jim Levinsohn, Wendy Petropoulos, « Creative Destruction or Just Plain Destruction ? : the U.S Textile and Apparel Industries since 1972 », NBER working paper N° w8348, Juin 2001.

© Éditions d'organisation

redressement de segments d'activité qui parviennent à dépasser cette concurrence pour s'imposer à nouveau sur leurs marchés.

Au début des années 80, qui marquent le renouveau industriel américain, les partisans du déclin industriel américain s'opposent à ceux qui perçoivent l'amorce d'un renouveau industriel[34]. Ces derniers auront raison, comme le confirmera le plus long cycle d'expansion des États-Unis, car leurs observations s'appuyaient sur des données plus fines d'investissement montrant de très fortes différenciations sectorielles, y compris au sein de mêmes industries. Cette différenciation se retrouvait dans les indicateurs de performance de ces activités industrielles qui répondaient bien à l'évolution de la demande mondiale. Dans le même temps, nous avons pu assister au déclin et au renouveau de nombreuses activités industrielles qui ont impliqué un gigantesque mouvement de destruction et de reconstruction d'emplois comprenant une importante mobilité géographique à l'échelle du continent américain. Le solde de ce processus de « destruction-renouveau » d'activités a été très positif. Les licenciements de restructuration ont été plus que compensés par les millions de créations d'emplois effectuées au cours des années 90. L'économie américaine a ainsi retrouvé le chemin vertueux de la croissance et des créations d'emplois, y compris dans le domaine industriel.

À partir de 2001, l'arrivée de la récession, renforcée par le choc des attentats du 11 septembre, laissait craindre une crise plus profonde. Elle est globalement contenue, même si les secteurs des nouvelles technologies et des télécommunications sont plus durement frappés. Le sursaut de la consommation, la capacité de résilience industrielle acquise

---

34. Alain Richemond, Colette Herzog, « Vers un renouveau industriel américain ? », CEPII et article in *Le Monde,* Économie Prospective Internationale, 1981.

depuis le début des années 80, permettent le retour à un rythme de croissance supérieur à 5 %, en rythme annuel, au début de l'année 2002. Pourtant, la récession américaine de 2001-2002 qui aura « coûté » deux millions d'emplois, aurait pu plonger les ménages américains dans un pessimisme durable. Or, une étude de l'Université du Michigan[35] démontre que les Américains sortent de la crise avec un moral au plus haut comparativement à celui qui a prévalu lors des précédentes récessions. La majorité pense que les cinq prochaines années devraient encore apporter de la prospérité. En 1975, le point le plus bas était de 8 % d'opinion favorable sur l'avenir économique du pays. La récession 2001-2002 se distingue des autres récessions comme étant la seule depuis 1949 où la consommation trimestrielle des ménages n'a jamais décliné. Le *Conference Board* a effectué un sondage demandant aux Américains d'évaluer la situation économique (pour les six prochains mois) comme positive, négative ou stable. Les résultats montrent que l'indice est passé de 85 à 109 entre le creux et la sortie de la récession de 2001-2002. En comparaison, l'indice correspondant à la récession de 1990-1991 était de 47 (au plus bas en 1992) et n'est remonté à 109 qu'en 1996. Une évolution similaire a été notée au milieu des années 70 et au début des années 80. Un autre sondage[36], qui a été réalisé à la fin de l'année 2001, indique que 70 % des parents américains pensent que leurs enfants ont une meilleure vie que la leur au même âge. En 1983, seulement 54 % étaient de cet avis. La population active, dont l'âge moyen est inférieur à 40 ans, a connu peu de récessions et de courte durée. Des licenciements se sont produits, mais le rythme des créations d'emplois restait supérieur, offrant de nouvelles opportunités de travail. La confiance des ménages dans le fonctionnement

---

35. University of Michigan Survey, in International Herald Tribune « Americans'optimism has fueled quick economic turnaround », 22 mai 2002.
36. *ibid*

d'un marché de l'emploi fluide et dynamique participe à la perception que les aléas qu'ils pourront rencontrer ont une bonne chance d'être surmontés. Ce sentiment se retrouve dans leurs anticipations positives et persistantes sur l'évolution des marchés financiers. Celles-ci résistent aux difficultés qu'ils ont pourtant rencontrées depuis le printemps 2001. Au printemps 2002 et depuis le début 2001, 90 % des investisseurs maintiennent leurs anticipations et considèrent que les marchés devraient être bien orientés à un horizon de douze mois. En 1989, ils n'étaient que 64 %[37] à croire dans une évolution favorable des marchés financiers. Deux décennies de faible inflation et de baisse des taux d'intérêt, de retours sur investissement positifs sur les actifs de long terme, un marché dynamique de l'emploi, une formation soutenue renforcent la confiance individuelle et collective dans les possibilités d'insertion de chacun dans l'économie.

Cet environnement contribue certainement à une adaptation plus rapide aux réalités de la vie économique. Cette dernière apparaît plus aléatoire, mais moins risquée quand il est à la portée de chaque individu de la maîtriser.

Malgré les excès trompeurs de la nouvelle économie et le ralentissement économique américain, le sentiment qui prédomine aux États-Unis est que chacun à sa chance. Ce sentiment est beaucoup moins marqué en France. Il est intéressant de rapprocher cette représentation de l'écart structurel de productivité qui existe entre les deux continents au bénéfice des États-Unis.

La poursuite des gains de productivité aux États-Unis s'explique par un rythme plus soutenu d'investissements réalisés dans les nouvelles technologies, mais surtout par l'acquisition des compétences

---

37. *Yale School of Management*, Mai 2002.

pour les maîtriser. Une diffusion à tous les secteurs économiques et à toutes les fonctions a offert de nouvelles occasions d'emplois.

La perspective des pays industrialisés est de repousser les frontières de l'exclusion par le travail en veillant à un entretien constant des compétences et de leur reconnaissance dans la sphère productive. Quand chaque individu trouve plus vite l'occasion de valoriser son potentiel, les effets négatifs du progrès technique sont moins lourds sur le plan humain. De plus, cette ouverture participe à l'insertion de minorités qui étaient plus éloignées de la réussite professionnelle (en 1998, 25 % des créateurs d'entreprises de la Silicon Valley étaient d'origine indienne ou chinoise). Au plan global, une plus grande mobilité et adaptation des hommes accélèrent les ajustements nés du progrès technique. L'ensemble de l'économie y gagne en agilité avec des phases de récessions plus brèves et des phases d'expansion plus durables.

La résilience, une nouvelle source de richesse humaine

Si le capitalisme brise sur son passage le destin de ceux que les progrès techniques rendent brutalement inutiles[38], comment surgissent parmi ces « condamnés » des hommes, des entreprises ou des nations qui parviennent à échapper à une « mort économique » pronostiquée avec autant de certitude ?

La résilience de ces « condamnés » est un moteur économique essentiel, sauf qu'ils ne sont qu'une poignée à réussir. Pourquoi ? Pour une raison simple, nous sommes dans une économie qui casse et qui exclut, pas une économie qui multiplie les chances de recommencement. Abandonnés à leur sort, beaucoup plongent dans une exclusion souvent

---

38. Daniel Cohen, *Nos temps modernes, op. cit.*

Le sentiment qui prédomine aux États-Unis est que chacun à sa chance. Ce sentiment est beaucoup moins marqué en France. Il est intéressant de rapprocher cette représentation de l'écart structurel de productivité qui existe entre les deux continents au bénéfice des États-Unis.

définitive. Peu à peu, le coût de cette perte de ressources humaines pousse à repenser les manières de ramener vers le monde productif ceux qui en sont momentanément, ou plus longuement, écartés.

Malgré ce vécu difficile, le dynamisme du système constitue une chance de reprise d'activité. Pourtant, à chaque nouvelle tension les accusations convergent vers l'économie de marché, dont la disparition est souvent prédite : « *Contrairement aux prophéties de tous les croque-morts, qui annoncent sans se lasser ses derniers soubresauts, force est de reconnaître l'extraordinaire vivacité de l'économie de marché, qui parvient à surmonter tous les challenges qu'elle est amenée à affronter* »[39]. L'économie de marché connaît des déséquilibres, des tensions, des cycles et des récessions qui montrent clairement que le système ne se développe pas de manière linéaire : « *Il obéit à une sorte de processus chimique, où les réactions s'enchaînent pour assurer sa revitalisation et sa progression* ». Ce ressort est loin de fonctionner de façon optimale en raison d'une part, des obstacles qui freinent à la fois la destruction et la création d'activités, mais aussi en raison d'une sous-utilisation des ressources humaines dont l'adaptation reste incertaine. Or, dans les périodes de transformation rapide de l'économie sous l'influence des technologies, un fonctionnement plus fluide du processus schumpétérien qui valoriserait mieux les compétences créatives serait une source supplémentaire de richesse humaine.

Une adaptation incertaine des hommes

La sous-utilisation relative des ressources humaines disponibles, et la faiblesse de l'effort de formation professionnelle continue pour en améliorer les compétences, traduisent un manque de vision

© Éditions d'organisation

---

39. Denis Kessler, Vice-Président du Medef, *L'Expansion*, Avril 2002.

sur les futurs besoins d'emplois qualifiés et l'acceptation d'un gaspillage de plus en plus coûteux socialement. En France, les jeunes et les « seniors » sont largement sous-utilisés. L'emploi des 15-24 ans ne représente que 43 % des actifs contre 64 % au Royaume-Uni, 68 % en Suède et 80 % aux États-Unis. Les hommes au-dessus de 60 ans ne représentent que 10,2 % des actifs[40] de cette classe d'âge contre 27,2 % en Allemagne, 47,3 % au Royaume-Uni et 49 % en Suède. La France aborde une phase de tensions sur le besoin d'emplois qualifiés avec le consentement implicite d'une forte perte en ligne d'actifs. Plus grave, la reconnaissance de leur potentiel est ignorée comme le montre la faiblesse des investissements de formation ou de recyclage des salariés. La relative abondance de personnels n'a pas incité à investir dans la formation de ceux qui se retrouvaient en marge de la population active.

Ce déficit de reconnaissance, humain et économique, de leur potentiel à s'adapter pour retrouver un emploi risque de peser lourd quand il s'agira de mobiliser leurs énergies. Selon l'APEC, la pénurie de cadres devrait être de 140 000 cadres dans le secteur public et de 289 000 cadres dans le secteur privé entre 2002 et 2010. Dans ce contexte, la faiblesse de la formation permanente est un handicap croissant : dans l'Europe des Quinze, la France occupe, pour la part de la population âgée de vingt-cinq à soixante-quatre ans participant à une formation, l'avant-dernière place au classement de l'année 2001, après l'Espagne et le Portugal et avant la Grèce. L'entretien et l'amélioration des compétences ne sont pas inscrits au rang des priorités. La prise de conscience des entreprises sur le vieillissement de leur pyramide des âges ne semble pas plus avancée. Selon le ministère de l'Emploi, dans un établissement sur deux, la

---

40. En pourcentage des actifs de la classe d'âge, année 2000.

question n'a jamais été évoquée et seulement 13 % des entreprises ont mené une étude détaillée de la question.

La rareté annoncée des compétences dans les économies développées pousse à porter un tout autre regard sur les conditions de leur gestion. De même que l'emploi a longtemps été la variable d'ajustement du système dans ses périodes de crise ou de transition, l'emploi qualifié sera demain la variable clé d'adaptation des économies à leur nouvel environnement compétitif.

Les entreprises et les nations qui auront investi dans leur potentiel humain disposeront de plus d'atouts pour réussir. Les spécialistes du capital humain l'affirment depuis longtemps, il semble bien que nous soyons aujourd'hui au pied du mur.

L'enjeu touche les emplois qualifiés dont il faut attirer les compétences et entretenir le savoir, mais il concerne aussi des populations qui étaient considérées comme exclues du monde du travail et dont le « retour » désormais souhaité à l'emploi pose toute une série de problèmes. Le témoignage d'un dirigeant d'une entreprise de travail temporaire est éloquent[41] sur les difficultés à satisfaire d'importants besoins de main-d'œuvre destinée aux plateformes logistiques d'entreprises installées dans des bassins d'emplois jugés difficiles : « *Une fois que l'on a sélectionné les meilleurs, les besoins des entreprises restent souvent insatisfaits. Nous sommes alors bien obligés d'élargir les mailles du filet en recrutant des populations avec lesquelles nous savons que les risques de dérapage sont plus grands. Le problème, c'est que la maîtrise et l'encadrement de ces entreprises ne sont pas préparés. On assiste à un choc des cultures* ». Ce dirigeant ajoute que le dialogue tourne court, du style : « Si tu n'es pas content, tu n'as qu'à prendre la porte ! ». La rupture est consommée et les jeunes s'en vont. Pour une récente

© Éditions d'organisation

---

41. « On assiste à un choc de cultures », *Le Monde*, 26 avril 2002.

mission qui portait sur l'emploi de 80 personnes à temps plein, il a fallu recruter 300 jeunes parce que la plupart ne restaient pas. Le fossé générationnel s'est creusé avec des jeunes aujourd'hui plus violents, impatients et en situation de rejet du travail. Un autre responsable d'entreprise fait écho à ce constat en soulignant que pour satisfaire ses besoins de recrutement il a été conduit à abaisser ses exigences et à recruter des populations qui demeuraient autrefois en dehors du monde de l'entreprise. Leur intégration demande une énergie considérable alors que : « chez eux, la notion d'entreprise n'existe pas ! ». Ces situations donnent une mesure du chemin à parcourir pour permettre à ces jeunes exclus d'être reconnus et formés pour s'insérer normalement dans le monde du travail. Sur ce plan, l'expérience issue des travaux sur la résilience éclaire mieux les conditions de réinsertion de ces jeunes que la société a rejetés et que l'on tente aujourd'hui de récupérer. Les démarches traditionnelles et autoritaires ne fonctionnent plus. En revanche, l'animation des qualités de résilience de chaque individu offre une voie intéressante à la condition de ne pas oublier le contexte particulier d'écoute, de reconnaissance et d'appui qu'elle exige pour réussir.

Une économie différente se dessine avec la fin d'une économie de déperdition des ressources humaines pour une économie plus attentive à leur gestion. Le champ est large puisque cela touche aussi bien l'accompagnement social de jeunes sans qualification que la gestion des compétences et des talents au sein de l'entreprise. Une économie où le rythme soutenu d'introduction de nouvelles technologies accélère les phases destructrices et créatrices et donc rend plus impérative une adaptation permanente des compétences. Comment rendre plus fluide cette adaptation sans « casser » la motivation des individus pour qui tout changement subit d'emploi passe, au plan personnel, par des périodes de forte remise en question (licenciement, déqualification, acquisition de nouvelles compétences,...). La priorité a longtemps été accordée à un accompagnement social *défensif* en réponse au sort des personnes exclues du travail. Aujourd'hui, la question d'un accompagnement plus *offensif* se pose pour favoriser une adaptation continue des compétences aux technologies. Nous retrouvons ici l'idée, qui gagne du terrain, en faveur d'un nouveau contrat entreprise-salariés qui s'appuierait sur l'engagement des entreprises à promettre cette acquisition permanente de compétences tout au long de la vie professionnelle.

Sur le plan pratique, les projets de plans individualisés de formation vont dans ce sens. Le seul critère impartial et pertinent pour les salariés restera la reconnaissance de leur « employabilité » sur le marché du travail, seul arbitre objectif de cette nouvelle relation contractuelle entre l'entreprise et ses salariés.

En multipliant les chances professionnelles de leurs employés, les entreprises les aideront à être mieux armés pour affronter les défis, mais aussi les aléas, d'une vie économique plus heurtée, moins linéaire et plus incertaine. En un mot : survivre au jeu constant de *construction-destruction-reconstruction* du capitalisme, y compris en participant activement au renouveau de leur propre entreprise.

Rendre l'économie moins cassante et plus agile

La modernisation des systèmes d'information contribue à des ajustements plus immédiats et souples, dans et entre, les entreprises. Les délais de réaction de la production au marché sont plus courts, comme sont plus courts les circuits d'information entre tous les acteurs économiques. Un exemple illustre cette évolution. Le rapport entre le niveau des stocks manufacturiers américains[42] et les ventes

---

42. Voir graphique page 26.

La priorité a longtemps été accordée
à un accompagnement social défensif en réponse
au sort des personnes exclues du travail.
Aujourd'hui, la question
d'un accompagnement plus offensif se pose
pour favoriser une adaptation continue
des compétences aux technologies.
Nous retrouvons ici l'idée en faveur
d'un nouveau contrat entreprise-salariés
qui s'appuierait sur l'engagement
des entreprises à promettre cette acquisition
permanente de compétences
tout au long de la vie professionnelle.

(chiffre d'affaires) entre 1990 et 2001 décroît régulièrement au cours de cette période. Ce ratio a baissé de 14 % au cours des dix années d'expansion, dont plus 6 % entre 1998 et 2000. Plusieurs facteurs expliquent cette évolution :

- les stocks de matières premières et de produits de fonctionnement tendent à diminuer ;
- les stocks de produits semi-finis augmentent pour être prêts au montage ;
- les stocks de produits finis diminuent chez les producteurs et augmentent vers la distribution ;
- enfin, Internet offre la possibilité d'écouler plus rapidement des produits invendus.

Une économie plus tendue, fonctionnement en juste à temps, limite par exemple l'intérêt de stocks de matières premières et de produits semi-finis trop importants, permettant aux entreprises d'économiser des coûts financiers supplémentaires. Quand les variations de stocks sont mieux gérées et amorties, elles pèsent moins sur les résultats. Les entreprises développent en leur sein et avec leurs partenaires extérieurs de nouveaux modes de collaboration qui touchent de nombreuses fonctions comme les achats, la logistique d'approvisionnement et de distribution, la gestion du cycle du produit, de la R&D, etc. Ces collaborations établissent également des circuits plus courts de travail en flux plus tendus pour dégager des gains substantiels de productivité. Ces domaines de collaboration étaient connus (EDI, GPA, etc.) et les nouvelles technologies de l'information et de la communication en accélèrent aujourd'hui le mouvement[43]. La mise en réseau des systèmes d'information et de gestion des entreprises

---

43. « Alain Richemond, acteurs réels et fusions virtuelles », *Les échos, 11 septembre 2001. Le Baromètre de l'Économie Européenne en Réseau*, Andersen, 2001.

permet une optimisation des ressources et donne une meilleure visibilité d'action à chacun des acteurs de la chaîne de valeur.

Gains moyens sur la mise en place d'outils de collaboration entre les distributeurs et les producteurs

Avantages pour le distributeur	Gains moyens attendus
Gestion des rayons	2 à 8 %
Gestion des stocks	10 à 40 %
Accroissement des ventes	5 à 20 %
Réduction des coûts logistiques	3 à 4 %
Avantages pour le producteur	**Gains moyens attendus**
Réduction des stocks	10 à 40 %
Accélération cycles réassort	12 à 30 %
Accroissement des ventes	2 à 10 %
Meilleur service client	5 à 10 %

Source : AMR, 2001.

Une économie en réseau

Nous savons qu'une meilleure information des acteurs économiques, en améliorant la pertinence de leurs anticipations, rend les ajustements moins saccadés et plus réguliers. Le développement d'une économie en réseau, en s'appuyant sur la mis en place de plateformes collaboratives de travail, va tendre à faire bouger les frontières traditionnelles entre les activités et les entreprises. Au sein de la chaîne de valeur, les acteurs seront plus solidaires pour affronter la concurrence comme le montre l'exemple de la vente en ligne de véhicules automobiles aux États-Unis. L'arrivée de sites d'information et de vente par Internet de véhicules automobiles devait faire disparaître à terme l'intermédiaire traditionnel que sont les concessionnaires automobiles. Leur mort, un peu vite annoncée, a jeté le trouble dans la profession. Les concessionnaires et les constructeurs ont cherché à identifier quels éléments d'informations et de prix représentaient les atouts de leur nouvelle concurrence :

- le consommateur était désormais sensible à la possibilité d'exercer un choix plus personnalisé de son véhicule ;
- il pouvait comparer toutes les caractéristiques des véhicules de la même catégorie (y compris le prix) ;
- enfin, il pouvait faire son choix à distance.

Les constructeurs ont soutenu leurs réseaux de concessionnaires pour offrir ces mêmes possibilités et surtout accepter de mettre en ligne la même information comparative issue des organismes indépendants jugeant toutes les caractéristiques des modèles proposés par les constructeurs. La montée d'une concurrence, qui aurait pu être fatale, a été l'occasion d'un sursaut des concessionnaires et des constructeurs pour établir ensemble une relation aux clients plus exigeante.

L'économie en réseau accentue les interdépendances entre les acteurs économiques, permet la mise en œuvre de nouvelles stratégies collaboratives et modifie les lignes de partage traditionnelles d'activités et donc de profits.

Au sein des entreprises, un des apports majeurs des nouveaux systèmes d'information est de pouvoir gérer en temps réel un volume important d'informations autorisant un suivi très détaillé de tous les postes et fonctions. Les outils dits de *Business Intelligence* offrent désormais les moyens d'une réconciliation des performances globales de l'entreprise avec les performances individuelles. Le pilotage de

© Éditions d'organisation

l'entreprise change de nature. Il était plus distant et financier, il devient plus proche et humain. Ainsi, un défaut de performance peut rapidement être identifié pour créer l'occasion d'un échange plus immédiat avec le responsable concerné (expliquer un aléa, comprendre un défaut de qualité, repérer un obstacle commercial, etc.). Ce dialogue a plusieurs avantages dont ceux de reconnaître les efforts de chacun, d'entretenir une relation responsable et de partager les informations positives et négatives sur la performance réalisée.

Ces nouveaux outils de gestion contribuent à donner aux entreprises les moyens de gagner en souplesse de fonctionnement, y compris sur le plan des relations humaines. Ce qui demeure préoccupant reste la faiblesse des investissements dans ces nouveaux systèmes d'informations par les entreprises françaises.

Chapitre 3

S'APPROPRIER DES STRATÉGIES DE RÉSILIENCE

Pour raviver les braises de résilience, tant au niveau individuel que collectif, de ceux qui veulent s'en sortir mais demeurent coincés dans leurs difficultés, la condition impérative est de souffler dessus en apportant les éléments vitaux que sont l'estime de soi, la confiance, ou la reconnaissance de la créativité.

« Si tu cherches le feu, tu le trouveras sous les cendres. »

Martin BUBER

La résilience ne se limite pas à la souplesse. En effet, le roseau plie sans rompre et son adaptation à l'adversité météorologique n'illustre qu'un aspect de sa capacité à survivre. La résilience humaine est plus profonde et complexe puisque celle-ci ne s'anime que dans un contexte social particulier et non uniquement en fonction des capacités de résistance physique ou de la seule volonté des individus. La résilience humaine s'épanouit plus ou moins bien selon le comportement et surtout l'attention des autres : lorsque leur regard et leur bienveillance sont de nature à animer la résilience, les individus parviennent à mobiliser une énergie vitale parfois prodigieuse. Cette énergie cachée est souvent une énergie gâchée, car perdue. Parmi ceux que l'économie laisse de côté, combien n'activent jamais leur résilience, faute d'en avoir eu l'occasion ? En s'inspirant de l'idée exprimée par Martin Buber, ne faut-il pas mieux chercher sous les cendres d'une économie destructrice, le feu de son renouveau ?

Combien les économies, les entreprises et la société gagneraient-elles à raviver les braises de résilience[1] de ceux qui, malgré les épreuves, veulent s'en sortir, mais demeurent coincés dans leurs difficultés. La condition impérative pour raviver ces braises cachées est de souffler dessus à bon escient. Cet oxygène, en apportant les éléments vitaux que sont l'estime de soi, la confiance, ou la reconnaissance de la créativité, donne à l'individu les moyens de se protéger et de se reconstruire.

Des individus adoptent des comportements résilients leur permettant de surmonter des temps incertains et de ruptures dès lors qu'ils se sentent soutenus pour prendre de nouveaux risques, pour

---

1. Selon l'expression de Boris Cyrulnik, *Le Monde*, 2-3 février 2003. *Le murmure des fantômes*, Odile Jacob, 2003.

© Éditions d'organisation

oser une démarche nouvelle. L'apport du concept de résilience à l'étude des comportements humains aide à formuler l'espérance des hommes dans un système économique qui leur offre de vraies possibilités de dépassement et de réussite. En cela, l'optique de la résilience économique contribue à récuser le déterminisme d'un monde qui serait dominé par l'horreur économique et l'exclusion.

Les travaux menés sur la compréhension des chemins de la résilience montrent combien un regard vrai et authentique peut contribuer à animer l'énergie positive de ceux qui se percevaient ou étaient perçus comme condamnés. Dans la vie économique, ce regard salutaire comprend l'ensemble des moyens de reconnaissance de la capacité des individus, de leurs compétences et de leurs idées, mais aussi de leurs aptitudes à apprendre. La particularité de la vie économique est d'offrir, notamment par une traduction financière (immédiate ou ultérieure), une reconnaissance concrète de leurs efforts de rétablissement.

Plus les obstacles à ces formes de reconnaissance sont élevés, plus l'expression des résiliences s'avère difficile. À l'heure où l'économie et les entreprises se découvrent un impératif d'agilité (pour rester dans la course et s'adapter en permanence aux nouvelles conditions de concurrence), la souplesse ne suffit pas. Le renouvellement de l'entreprise passe par une mobilisation de forces créatives résolues à dépasser les situations les plus tendues et difficiles. Tandis que le fonctionnement économique a longtemps reposé sur des comportements humains élémentaires, normés et prédéfinis qui répondaient à une organisation d'inspiration largement militaire, on découvre la nécessité de la créativité dans un espace moins hiérarchique et contraignant. Cette capacité créative est présente chez tout un chacun et il devient déterminant de tout entreprendre pour valoriser cette ressource humaine souvent abandonnée. La découverte de comportements résilients, c'est-à-dire de personnes rejetées par le système mais porteuses de renouveau, change l'optique traditionnelle sur leur sort. Le concept de résilience éclaire d'un jour nouveau leur potentiel et réveille une espérance sur leur capacité à surmonter les pires maux économiques et professionnels pour rebondir. Enfin, le concept de résilience nous offre l'occasion de formuler un fonctionnement économique où la multiplication des formes de reconnaissance des aptitudes individuelles libère, dans les moments d'adversité, une force vitale inouïe[2].

La résilience peut être vue comme une somme de forces créatrices qu'il serait absurde d'ignorer alors que le fonctionnement même de l'économie repose de plus en plus sur la qualité des hommes, leur énergie, leur imagination et leurs initiatives. Quelques observateurs[3] attentifs de l'économie annoncent l'arrivée d'une économie nouvelle où ce n'est plus la capacité à rester dans le rang qui permettra de s'en sortir, mais au contraire le sens de l'initiative et la souplesse d'adaptation. Une économie où désormais chacun s'impose par ses singularités et non plus par la capacité à se fondre dans un moule rigide. Or, ces qualités, qui sont jugées impératives, se forgent par l'expérience, la confrontation à l'échec et la capacité à s'adapter aux événements.

Dans les entreprises, cela signifie que l'appréciation du sens de l'initiative et de la capacité d'adaptation des individus comptera davantage que leur aptitude à répéter des gestes identiques. Tandis que les périodes de récession exacerbent les différences entre entreprises au lieu de les atténuer (Cf. Chapitre I), la compétitivité des entreprises est de plus en plus liée à leur agilité à proposer des produits et services rapidement adaptés à tout nouveau contexte économique.

---

2. Voir encadré page suivante.
3. Dont Jean-Marc Vittori, *L'Expansion*, Février 2002.

*Combien les économies, les entreprises
et la société gagneraient-elles à raviver
les braises de résilience de ceux qui,
malgré les épreuves, veulent s'en sortir,
mais demeurent coincés dans leurs difficultés.
La condition impérative pour raviver
ces braises cachées est de souffler dessus à bon
escient, en apportant les éléments vitaux
que sont l'estime de soi, la confiance,
et la reconnaissance de la créativité.*

La chute d'Enron a entraîné le licenciement de 4 200 personnes en une seule journée. Enron était réputée pour le recrutement de personnes qualifiées, très motivées, ayant un réel esprit d'entreprendre. Dans une économie ralentie plus d'une centaine d'entreprises se sont créées. Certains ont été jusqu'à lancer deux ou trois entreprises avant de réussir à reprendre pied.

Financial Times « Building a life after Enron »,
25 avril 2003.

Cette agilité de l'entreprise passe par une reconnaissance de la disposition de ses salariés à prendre des initiatives. En fait, il s'agit pour l'entreprise de valoriser la capacité à être opportun, c'est-à-dire à saisir l'occasion que les concurrents ne perçoivent pas encore et qui fera la différence. L'enjeu est de réinsuffler de la vie dans la participation à celle de l'entreprise. Trop souvent la perte de sens et d'attention conduisent à un fonctionnement atone de l'entreprise.

Sur le plan économique, la très vive concurrence que se livrent les entreprises crée une tension permanente dans laquelle s'inscrit le développement de l'entreprise et donc nécessairement celui de ses collaborateurs. L'épreuve de la compétition est devenue à la fois l'affaire de tous et l'affaire de chacun (l'aplatissement des niveaux hiérarchiques a comme contrepartie une plus grande responsabilisation individuelle). L'absence de mobilisation de cette somme d'efforts individuels face à l'adversité explique en grande partie que certaines entreprises dégringolent à toute allure, tandis que d'autres poursuivent leur ascension.

La résilience « se tricote »[4]. **Cette image est destinée à repousser l'idée que la résilience se décrète. Elle résulte d'un contexte affectif, social et culturel à chaque fois particulier :** « *on peut être résilient dans une situation et pas dans une autre, blessé un moment et victorieux un autre* »[5]. Selon Georges Fisher, un ressort invisible permet de rebondir dans l'épreuve en faisant de « *l'obstacle un tremplin, de la fragilité une richesse, de la faiblesse une force, des impossibilités un ensemble de possibles* ».

Comment les individus et les entreprises « tricotent-ils » leur résilience pour transformer leurs difficultés en nouveaux possibles ?

---

4. Boris Cyrulnik, *Les vilains petits canards*, Odile Jacob, 2001.
5. Boris Cyrulnik; *op. cit.*

© Éditions d'organisation

Exercer la résilience aux plans individuel et collectif

Le temps économique n'est jamais sans épreuves. Face aux malheurs économiques qui peuvent frapper, nous ne sommes pas égaux ni par la nature des épreuves à traverser, ni par notre capacité à les affronter[6]. Dans les pays prospères, le niveau d'acceptation des difficultés économiques et sociales est plus bas que dans des pays en développement. Ce qui pourrait n'être qu'un incident de parcours pour les uns prend la dimension d'un traumatisme chez les autres. Au-delà de la sévérité des obstacles à surmonter, la représentation que tout un chacun s'en fait joue un rôle majeur dans le déclenchement de la résilience. Tant que la perception des événements obscurcit l'horizon, les qualités de résilience peinent à s'exprimer.

Sur le plan individuel, la perte d'emploi peut être vécue de manière diamétralement opposée, non seulement en raison des circonstances, mais aussi du choc émotionnel qu'elle représente.

Lorsque la perte d'emploi est vécue comme un échec personnel, elle pèse sur les chances de rebond y compris de ceux dont les compétences ne sont pas remises en question. Il suffit parfois d'un simple changement de perspective pour permettre à la personne licenciée d'identifier une carence de compétence, de décider une action appropriée de formation et de reprendre la route malgré l'obstacle.

Sur un plan plus collectif, il est intéressant d'examiner le cas de l'entreprise comme ensemble de décision. Face aux coups de tabac, certaines agissent selon l'expression : « comme un seul homme »,

---

6. Voir p. 157.

alors que d'autres se disloquent. Les individus qui participent à un projet d'entreprise en subissent les à-coups tant au niveau personnel que collectif. Dans un contexte parfois proche du chaos, les hommes et les organisations sont chahutés[7]. Quelles sont les ressources qu'ils mettent ou non en œuvre pour affronter l'adversité ? Quelles sont les circonstances qui favoriseraient une meilleure mobilisation des forces de résilience dans les moments les plus périlleux que traverse l'entreprise ? La dimension communautaire de la résilience repose sur la qualité de la relation construite au sein de l'entreprise qui aura forgé ou non une estime de soi collective.

Enfin, il ne faut pas négliger dans l'expression d'une résilience collective la place du réseau de soutien comme le montre l'exemple des créations d'entreprises. Le taux de mortalité des nouvelles entreprises est compris entre 50 et 60 % au cours de la difficile période de démarrage des cinq premières années. Quand la création d'entreprise est effectuée dans le cadre de l'essaimage (c'est-à-dire avec un soutien et un accompagnement à la jeune entreprise), le taux de survie des nouvelles entreprises atteignent alors 70 à 90 % après la même période de cinq ans[8].

---

7. S. Garcia, S. Diegoli, Alan Auerbach, « Organisational Values as "Attractors of Chaos" : An emerging Cultural Change to Manage Organisational Complexity », DSL Dolan, 2002.
8. Discours Renaud Dutreil, Secrétaire d'État aux PME, Colloque DIESE, 28 juin 2002.

Études de cas

> *« L'épreuve, quand on l'a surmontée,*
> *change le goût du monde. »*

Georges FISHER

La résilience face à la perte d'emploi

Même au Japon, le pays jadis donné en exemple pour son modèle d'entreprise offrant un emploi à vie, la sécurité de l'emploi est devenue une illusion. La vie professionnelle, jadis faite de plans de carrière et de certitudes, a cédé la place à une forte instabilité. Un salarié connaîtra une succession d'employeurs et d'inévitables périodes de chômage. Ce phénomène s'est étendu en raison de l'accélération des progrès technologiques et d'une faible anticipation des entreprises qui ont fait de l'emploi leur variable d'ajustement la plus efficace à court terme.

Les dirigeants d'entreprises, qui sont brusquement acculés à réduire la voilure en raison d'une chute d'activité, détruisent des emplois pour alléger le plus vite possible leur masse salariale. Ce comportement a été critiqué pour le manque d'économies recherchées lors des phases de croissance.

Quels sont les effets de la technologie sur le travail ? La technologie tend à détruire les emplois des salariés les moins compétents ; de plus elle tend à aplanir les pyramides hiérarchiques en faisant disparaître l'encadrement moyen (le niveau de responsabilité et d'autonomie des tâches confiées est plus élevé) ; enfin, chacun dispose de moyens nouveaux pour effectuer plusieurs tâches dans une même unité de temps, voire dans des temps auparavant sous-exploités. En transformant l'organisation du travail, la technologie est un facteur de destruction d'emplois, mais offre aussi de nouvelles occasions d'emplois. Cette perspective semble ignorée en raison des difficultés à gérer la rupture et l'adaptation des compétences aux nouveaux besoins.

Du point de vue personnel, ces pertes d'emplois sont durement vécues, surtout lorsqu'elles s'additionnent au cours de la vie professionnelle. Une remise en question successive d'un statut, d'une ancienneté, d'une compétence acquise, etc. explique le processus émotionnel « en dents de scie » que traversent de plus en plus d'individus. Chez certains, la nécessité de faire un deuil « répétitif » de la perte d'emploi émoussera la résilience. Un travail de deuil inachevé, voire imparfait, réduit alors leurs chances de rebond. À l'opposé, chez d'autres, un processus d'apprentissage aura fonctionné, leur permettant de mieux gérer la perte d'emploi. Surtout, la confiance dans leurs capacités leur permettra de surmonter l'épreuve et de saisir la moindre chance pour sortir de l'ornière.

Face à l'émotion que suscite la perte d'emploi, peut-on comparer le deuil et la perte d'emploi ? Pour comprendre le travail de deuil qui se met ou non en œuvre après un licenciement, une équipe canadienne[9] a mis en parallèle les étapes décrites dans le modèle de deuil de Kübler-Ross[10] et les états émotionnels vécus lors de la perte d'emploi. Leurs travaux n'aboutissent qu'à une confirmation partielle du modèle, mais avec des étapes différentes. Dans le cas de la perte d'emploi, les événements personnels et professionnels antérieurs

---

9. Nathalie Joannette et Marie-Lise Brunel, Identification des étapes émotionnelles liées à la perte d'emploi de cadres à l'aide du modèle de deuil de Kübler-Ross, Revue Carriérologie, vol 8, Été 2001. Enquête menée sur un échantillon de neuf cadres volontaires ayant une moyenne d'âge de 47,7 ans et 18,7 années d'expérience.
10. Elisabeth Kübler-Ross, *Les derniers instants de la vie*, Labor et Fides, Genève, 1975.

amplifient les émotions ressenties. Les étapes successives qui mènent au deuil sont alors moins marquées et moins franches, aboutissant à un travail souvent imparfait. L'état émotionnel qui suit l'annonce du licenciement est dépendant de la compréhension des raisons qui l'ont justifié, de la manière dont il a été notifié, de l'attitude immédiate de l'entourage professionnel et de la famille, des possibilités envisagées de retour à l'emploi, etc. Dès l'annonce du licenciement, le choc est cinglant et l'émotion très vive. Cela se traduit par une forte remise en question de soi-même, de ses choix, de ses compétences, qui s'accompagne souvent de la perte d'une position sociale. Autant d'émotions qu'il faut maîtriser avant de pouvoir mobiliser son énergie à la recherche d'une nouvelle solution d'emploi.

Le modèle de deuil de Kübler-Ross propose les six étapes suivantes : le déni, la colère, le marchandage, la dépression, enfin l'acceptation et l'espoir. Ces étapes sont décrites comme des mécanismes de défense qui permettent à chacun de reprendre ultérieurement un fonctionnement normal. Ce modèle a la particularité de formaliser les étapes du « mourir » pouvant s'appliquer à d'autres moments de la vie des individus cherchant un « processus d'ajustement naturel à la perte ».

Il semblerait que dans l'application de ce modèle au cas de cadres licenciés, le processus d'ajustement ne soit pas aussi linéaire que face au travail de deuil. Cela signifie qu'un travail incomplet ou partiel représente un frein au rebond des individus après la perte de leur emploi. Un phénomène d'émotions « en dents de scie » se mettrait en place comprenant des allers-retours entre les différentes étapes. Dans le cas de la perte d'emploi, et contrairement au travail de deuil, le risque est réel de s'enfermer dans un cercle vicieux ne débouchant pas sur la phase d'acceptation et de reprise d'espoir.

153

Une matrice des émotions a été utilisée pour évaluer la perception que chaque individu a de lui-même (confiance en soi, estime de soi, colère, peur, honte, culpabilité, acceptation, rejet, tristesse, panique, affolement, etc.). Il ressort de cette étude une proximité des étapes de deuil et de perte d'emploi, mais avec deux différences majeures. La période de négation est très différente selon les cas. Certains choisissent la passivité et l'oisiveté, alors qu'à l'opposé, d'autres cadres se sont lancés à corps perdu dans la recherche d'emploi sans prendre le temps de l'introspection. La plupart des cadres interrogés ont décrit le choc de l'annonce comme génératrice de confusion, de peur et de colère. Le sentiment dominant immédiat est celui de la colère. L'anxiété s'installe à toutes les étapes. Selon les sujets et les périodes, l'anxiété se transforme en peur, voire en crainte de l'avenir allant jusqu'à la panique. Or, la panique est une émotion qui est étrangère au modèle de deuil de référence. Cette panique interne explique la dimension prise par l'événement avec l'image d'un monde qui s'effondre, d'une vie qui perd tout sens. La panique d'être rejeté, c'est-à-dire sans chance de retour possible, en un mot d'être condamné socialement se fixe. Cette blessure est renforcée par l'incapacité des cadres, pourtant expérimentés et connaissant les problèmes de réorganisation des entreprises, à anticiper leur licenciement. La réalité ne s'est imposée à eux qu'au moment de leur licenciement. La volonté de ne pas admettre la réalité de l'entreprise et de s'avouer le risque de licenciement accroît le choc de l'annonce. Ce refus de voir n'est pas le monopole des cadres licenciés. Il est aussi perceptible dans le comportement de dirigeants de grandes entreprises comme Jean-Marie Messier pour qui : « *La fin approche et seul Messier semble convaincu qu'il échappera au destin que tout le monde lui prédit...* »[11]. Certains cadres interrogés

---

11. Pierre Briançon, *Messier Story*, Grasset, 2002.

© Éditions d'organisation

ont même prolongé ce déni en cachant à leurs proches leur licenciement en adoptant un comportement de rejet, de peur, de honte et de colère. Cet environnement émotionnel les a conduit à la passivité, voire à la dépression.

La durée de la colère est moins circonscrite que dans les phases de deuil, elle dure plus longtemps et s'exprime par des reproches adressés à soi-même, aux dirigeants de l'entreprise et à l'entourage. Un sentiment de trahison domine.

L'étape du marchandage, pour éviter le licenciement, prend la forme d'une tentative de négociation, y compris par une réduction de salaire, pour rester dans l'entreprise. La plupart des cadres interrogés ont considéré qu'une réduction significative de salaire était plus dure à accepter que le chômage.

Alors que dans le deuil, le stade dépressif est marqué par le désespoir lié à la perte d'un être cher, dans le cas de la perte d'emploi, l'état affectif est plus proche de la tristesse et de l'amertume. Les cadres prennent conscience de l'immense investissement qu'a représenté le travail au détriment des autres dimensions de leur vie personnelle. La volonté de rééquilibrer cet investissement ressort clairement des entretiens. Enfin, les dernières étapes du travail de deuil se mettent en place, mais de manière plus progressive, vers l'acceptation et l'espoir. Quand le licenciement s'est accompagné d'un autre traumatisme (divorce, décès d'un proche, maladie, etc.), la période de deuil et l'attitude dépressive ont été plus longues et profondes.

Dans le cas de la perte d'emploi, des états émotionnels distincts de ceux consécutifs à un deuil ont pu être identifiés : la perte d'identité, l'insécurité, l'isolement, le sentiment d'exclusion, l'abandon, la perte d'énergie physique, la perte de contrôle des événements et surtout le doute de soi et de ses compétences. Depuis de nombreuses années, les professionnels de l'*outplacement* développent des techniques visant à la reconstruction de

155

la confiance et de l'estime de soi. Ces techniques ont souvent été mises en œuvre par exemple dans l'urgence d'un plan social. Cette approche au coup par coup de l'accompagnement social de pertes d'emplois doit certainement être relayée par une approche plus offensive pour accroître les possibles des individus. Le constat de leur faible « employabilité » en raison d'investissements insuffisants en formation professionnelle, ne peut qu'accroître le choc émotionnel de la perte d'emploi.

Les personnes licenciées éprouvent de plus grandes difficultés à réagir à leur perte d'emploi car les étapes qu'ils traversent sont d'une part moins tranchées et surtout moins achevées. Les étapes suivies par les cadres licenciés sont plus « en dents de scie » avec des allers-retours entre des émotions constructives et destructrices. Il est alors plus difficile de prévoir, de ce corps à corps émotionnel, quel camp l'emportera sur l'autre. Le concept de résilience contribue à comprendre les facteurs qui aident à sortir de ce tourbillon.

La résilience, « *c'est l'art de naviguer dans les torrents* »[12]. Cela signifie que l'individu, blessé dans sa personne, est entraîné dans des rafales d'épreuves qui le renversent et dont il ne sortira qu'en faisant appel à ses ressources vitales les plus profondes. Celles-ci ne s'activeront totalement que lorsqu'il sera en mesure de percevoir, puis de saisir, une ressource externe (une main tendue, une relation affective, un soutien, une institution) qui lui permettra de rebondir.

La résilience n'est pas une qualité dont certains seraient dotés et pas d'autres. La résilience est un processus qui est plus ou moins stimulé en fonction de l'histoire personnelle de chaque individu, de son interaction avec son milieu et surtout de ce « signe » extérieur qui allumera l'étincelle résiliente qui sommeille en lui.

---

12. Boris Cyrulnik, *Les vilains petits canards*, Odile Jacob, 2001.

*Il faut distinguer les épreuves du traumatisme.
Tandis que dans l'épreuve, l'individu reste
lui-même, dans le cas d'un traumatisme
plus grave, la déchirure psychique
et émotionnelle est telle qu'il ne sait plus
qui il est et où il en est.*

*On restaure cette difficulté à se situer
dans l'entreprise en raison d'une perte de sens,
d'une motivation déclinante, qui conduisent
à un « traumatisme » rampant.*

L'entreprise résiliente

Sommes-nous en présence d'un processus uniquement individuel ? Existe-t-il un processus collectif de résilience ? La résilience a été décrite comme un phénomène individuel, lié à l'histoire, à la culture, au vécu des personnes placées en situation de grande difficulté. Peut-on transposer aux organisations cette approche ? Le vécu collectif joue-t-il alors le même rôle face à l'adversité ? Quelle place occupe le sentiment d'appartenance à l'équipe et au groupe ? Quel rôle clé joue le leader ?

Deux équipes parties à la conquête de l'Antarctique au début du XXe siècle ont connu des sorts distincts[13] notamment en raison d'une profonde différence dans la relation entre le leader et son équipe. L'histoire d'Ernest Shackleton et de Robert Scott est celle de deux chefs d'expédition rivaux dans la conquête du pôle Sud. Ils adopteront des comportements opposés pour diriger leur expédition. Robert Scott parviendra à atteindre le pôle Sud, mais seul, car tous les membres de son équipe auront péri en route. Leur sacrifice aura permis sa victoire personnelle. De son côté, Ernest Shackleton fait le choix d'aller moins vite, affronte les obstacles en réconfortant les membres de son équipe et veille à leur degré de motivation. Son projet est de réussir à atteindre collectivement l'objectif fixé. Après d'énormes difficultés, ils y parviennent, mais le retour n'est pas acquis. Dans une situation extrême, il entreprend un voyage risqué pour trouver de l'aide et parvient à sauver tous les membres de l'expédition. Pour constituer cette équipe solide à laquelle il tient, Sir Ernest Shackleton parvient à attirer jusqu'à 5 000 candidats à partir d'une annonce pourtant peu alléchante

---

13. « The uses of adversity », *The Economist*, 11 octobre 2001.

parue dans le *Times* de Londres en 1913 : « *Recherche hommes pour une expédition périlleuse. Maigre salaire, froid polaire, longs mois d'obscurité totale, faible probabilité de retour. Honneur et reconnaissance en cas de succès* ». Face à l'adversité, certains comptent sur le sacrifice de l'équipe pour s'en sortir ; d'autres s'appuient sur la cohésion du groupe pour s'en sortir ensemble. L'examen de plusieurs cas d'entreprises ayant eu à faire face à des drames pouvant menacer leur existence éclaire ces comportements individuels et collectifs.

Une gigantesque explosion souffle à l'automne 2001 des quartiers entiers de Toulouse. De nombreuses entreprises voient leurs locaux détruits. Patrice Amen, le PDG des Éditions Milan (72 mio € de chiffre d'affaires), livre son expérience[14] : « *Après l'explosion de l'usine AZF de Toulouse, nous avons repris dès le lundi suivant* ». Le management décide une reprise immédiate, malgré des bureaux détruits (qui se situent à quelque centaines de mètres de l'usine). Face à l'ampleur des dégâts, les premières estimations sont de trois semaines d'arrêt de l'ensemble de l'entreprise. Le chef d'entreprise se mobilise et mobilise ses équipes. Pendant le week-end, une trentaine de salariés viennent avec leurs outils et leurs perceuses. Les techniciens parviennent à restaurer 90 % des moyens informatiques du groupe de presse. Le lundi matin, un immense petit déjeuner accueille le personnel pour parler, raconter et soutenir ceux qui menaçaient de craquer. Les dégâts ont généré un surcoût de production qui est estimé à 20 %. L'entreprise, dans son ensemble, a décidé de tenir bon. Cette résilience d'équipe fait naître et partager un sentiment de sursis.

Dans un tout autre domaine, la société Dane-Elec Memory a connu un véritable tremblement de terre avec la division par neuf du prix

© Éditions d'organisation

---

14. *L'Expansion*, Février 2002.

des mémoires d'ordinateur au cours de l'année 2001. Face à une division par deux du chiffre d'affaires de l'entreprise, les coûts fixes sont réduits de 30 % et les effectifs de 100 personnes. Sur le marché des mémoires devenu de plus en plus spéculatif, les dirigeants doivent rapidement changer de créneau. Ils obtiennent le soutien des banques pour quitter au plus vite le marché volatil et spéculatif de la mémoire et mettre en place une nouvelle logique industrielle. Mis au pied du mur, ils analysent leur marché et trouvent les moyens de s'en sortir. En resserrant l'entreprise sur ses points forts (la partie saine de l'entreprise) et en profitant de la main tendue des banquiers, l'entreprise ne produira plus de produits banalisés au prix déclinant, mais des cartes mémoire à leur marque, mieux différenciées sur leur marché.

Quand la route est barrée, la perception du dirigeant, sa vision du devenir de l'entreprise et sa capacité à mobiliser sont décisifs. Si ces qualités sont complexes à mettre en œuvre en situation normale, elles sont encore plus difficiles à réaliser dans des situations extrêmes.

La littérature sur le *leadership* est abondante concernant la question de la vision, du charisme qui sont des qualités humaines qui ne s'épanouissent pas sur commande et encore moins dans l'instant. Elles ne relèvent pas d'une décision ou d'une simple volonté, mais d'une construction personnelle.

De même le processus de résilience de l'entreprise ne se commande pas. Les études de cas nous montrent combien la résilience résulte des relations tissées au sein de l'entreprise entre le dirigeant et ses équipes ; de la qualité de ces relations construites dans le temps aboutira la confiance que les collaborateurs mettront dans leur dirigeant pour trouver l'issue, donner le signe, imaginer la solution à laquelle ils apporteront alors toute leur énergie.

En ce sens, l'adversité est l'épreuve de vérité des relations humaines tissées au sein de l'entreprise. Dans l'épreuve, le tissu résiste ou se déchire. Ce moment d'authenticité, des entreprises le vivent chaque jour, toutefois celles qui ont enduré le malheur des attentats du 11 septembre plus que d'autres. Comment ont-elles pu ou non s'appuyer sur leurs relations humaines passées pour activer leur résilience collective ?

Les attentats du 11 septembre 2001 ont très durement touché la société Cantor Fitzgerald, dont les deux tiers des employés du siège périssent (soit 658 employés sur les 958 que comptait le siège de New York avant la destruction des Twin Towers). Cantor Fitzgerald est une entreprise réputée de courtage en obligations du Trésor. Tout porte à croire qu'elle disparaîtra à son tour. Pourtant, l'entreprise n'a pas sombré, mieux elle revit et parvient en un trimestre à recouvrer sa place de courtier et un exercice profitable. L'homme qui porte cette renaissance échappe par miracle (un rendez-vous à l'extérieur) à l'attentat. Il s'appelle Howard Lutnick et son propre frère (Gary) figure parmi les disparus après la destruction du World Trade Center. Conseillé par un psychologue, Howard Lutnick tient bon, il refait surface avec les quelques survivants et les équipes du bureau de Londres pour redresser l'entreprise.

À partir du moment où les sauvegardes informatiques ont pu être activées, le système d'information, qui organise le courtage avec les banques, n'a pas été long à remettre en place. La question la plus lourde est celle qui touche en profondeur les employés qui doivent faire le deuil de centaines de collaborateurs disparus dans l'attentat du 11 septembre. Malgré la tristesse, il faut se battre avec les rescapés en pensant aux disparus. Un cadre témoigne : « *Par moment nous rions. Nous sommes ensemble et nous avons un but* ». Un mouvement de solidarité dépasse le strict cadre de l'entreprise :

un auditeur de Cantor propose gratuitement son temps pour remettre sur pied la comptabilité ; Espeed, une filiale informatique du New Jersey, travaille jour et nuit pour reconnecter les systèmes informatiques qui assurent les transactions automatisées dès le 13 septembre, date de reprise du marché des obligations, soit deux jours après la catastrophe. L'UBS met à disposition une partie de ses bureaux de New York pour accueillir la reprise des activités de Cantor.

Deux objectifs puissants ont contribué à cette mobilisation et au mouvement de solidarité. Le premier était la volonté de survivre au cataclysme. Les employés du siège partagent le sentiment d'avoir échappé à la mort, et ils se donnent pour défi de survivre. Survivre, mais pourquoi ? Sous la houlette de leur président Howard Lutnick, ils s'attachent à redresser au plus vite Cantor afin de réaliser les profits qui permettront le versement des indemnisations aux familles des victimes. Ils s'engagent à distribuer un quart des bénéfices de la société sur une période de cinq ans. Les primes de fin d'année (45 millions de dollars) qui devaient être versées aux disparus ont pu être intégralement payées aux familles des victimes qui en outre continueront de bénéficier de l'assurance-maladie (payée par Cantor) pendant une période de 10 ans. Le redressement de l'entreprise a permis de régler, dès la fin 2001, la totalité de la première année d'assurance-maladie. Pourtant, les familles avaient accueilli avec beaucoup de réserves les promesses du président Lutnick. Dans l'impossibilité de payer les salaires, il en suspend le versement s'attirant les foudres des familles. Décidé à gagner leur confiance, il explique qu'il a besoin de moyens pour redémarrer et parvenir à réaliser son objectif en faveur des familles de disparus. Pour convaincre, il écrit plus de 1 300 lettres manuscrites pour marquer son soutien aux familles, expliquer la relance de l'entreprise et sa volonté de revanche sur les événements.

Aujourd'hui, sa résilience et celle de ses équipes ont donné un sens à la survie de l'entreprise. Mais Cantor Fitzgerald n'a pas survécu seule, car dans le dispositif de redressement de l'entreprise, la reconstitution rapide des moyens informatiques a été une pièce maîtresse. Une petite start-up eSpeed, détenue par Cantor, était sur le point de disparaître emportée par l'écroulement des marchés technologiques. Cette entreprise, qui est spécialisée dans la technologie du courtage électronique, a fait partie des étoiles montantes du NASDAQ. En Mars 2000, le cours était de 83 dollars. Le 10 septembre 2001, le cours de l'action était dix fois inférieur à 8,69 dollars. Le redressement de Cantor et surtout sa capacité retrouvée de courtage en quarante-huit heures est, pour une large part, dû au savoir-faire technologique de eSpeed. Le président de Cantor rappelle la place de cette filiale dans le sauvetage du groupe : « *Nous savions qu'eSpeed était notre futur, le futur est arrivé brusquement le 11 septembre ! Il était humainement impossible de combler les pertes subies pour reconstituer un courtage manuel ; nous avons donc sauté le pas pour jouer la carte qui était entre nos mains et relancer nos opérations d'une autre manière en prenant le risque technologique d'un courtage informatisé* ». Le rebond de Cantor est l'histoire d'une double résilience collective.

L'absence de résilience

À l'image des matériaux, dont l'élasticité a ses limites, il arrive que les hommes et les entreprises plient sous trop de pression, capitulent et s'effondrent. La résilience ne peut s'exprimer que dans des circonstances particulières qui, lorsqu'elles ne sont pas réunies, ou quand le poids des événements est trop lourd à porter, provoquent une cassure irrémédiable.

Combien de traumatismes un homme peut-il supporter ? Il arrive qu'une difficulté marginale supplémentaire déclenche une capitulation fatale comme le cas de ce survivant de la Shoa qui, de retour des camps d'extermination, trouva la force de relancer une activité de fabrication de vêtements. Un contrôle fiscal aura raison de sa résilience. Ne supportant pas le poids supplémentaire d'une nouvelle épreuve, il capitule et sera retrouvé pendu dans son atelier.

Face à l'adversité, les entreprises qui ne trouvent pas les moyens d'activer leur résilience disparaissent. L'expérience récente de la disparition d'Arthur Andersen, frappé de plein fouet par les conséquences de la faillite d'Enron, représente à bien des égards un cas d'absence de résilience collective.

Défaut de résilience collective : le cas Andersen

Les termes « *resilient business* » et « *resilient community* » sont curieusement plus souvent employés en anglais qu'en français. Ces termes sont utilisés pour mettre en avant la capacité intrinsèque des entreprises, des organisations ou des communautés à retrouver un état d'équilibre – soit leur état initial, soit un nouvel équilibre – qui leur permette de fonctionner après un désastre ou sous une pression continue[15]. Cette tolérance aux failles, aux défaillances ou aux perturbations a ses limites. Des seuils existent au-delà desquels la structure rompt ou éclate. Une entreprise est un système qui réagit au choc par la mise en action de contre-forces latentes pour tenter de reconstruire un équilibre brisé. Ces forces, quand elles sont insuffisantes, ne permettent pas le maintien des structures. Dans le cas d'Andersen, le choc produit par l'affaire Enron est immense, mais

---

15. Jacques Dufresne, Encyclopédie de l'Agora, 2002.

il est aussi sous-estimé. Des forces résilientes s'expriment, mais elles seront trop faibles pour éviter un éclatement de l'entreprise. Comment ce défaut de résilience collective d'Andersen peut-il être expliqué ?

L'enjeu a été largement sous-estimé. Trop peu de responsables d'Andersen avaient immédiatement perçu la véritable dimension de l'affaire Enron. Quelques malversations locales ont remis en question le système de contrôle et donc la confiance dans les comptes des entreprises cotées. Dès l'origine de l'affaire, les faits qui sont reprochés à Andersen placent ce cabinet en position de fusible du système. Un des acteurs majeurs de son fonctionnement, puisque la certification des comptes des entreprises est censée apporter une transparence financière indispensable aux marchés, est pris en défaut au moment même où éclatent au grand jour les excès des années d'euphorie. La force et la rapidité de la sanction rassurent sur un capitalisme, certes violent, mais d'une extrême exigence lorsque le cœur de son activité se trouve menacé. L'incapacité à lier des événements isolés avec un enjeu aussi grave a certainement constitué une première source de difficultés pour Andersen avec un décalage permanent entre une réelle menace de disparition et le niveau de réaction de son management.

Pour ceux qui ont vécu[16] de l'intérieur cette mise à mort, il était difficile d'établir, au plan individuel comme collectif, un lien entre un événement lointain (Houston) et son niveau de responsabilité local, notamment pour les bureaux situés hors des États-Unis. Les employés d'Andersen, qui pouvaient voir s'afficher chaque matin sur l'écran de leur ordinateur le slogan « *One Firm* », attendaient une réaction collective plus combative. Celle-ci ayant fait défaut,

---

16. L'auteur était Directeur Associé d'Andersen France à l'époque des faits.

on a assisté à une désagrégation de l'intérieur (une véritable implosion) de l'entreprise.

La disparition de la marque Arthur Andersen restera un événement majeur non seulement pour le cataclysme que représente la fin de cette entreprise, mais aussi pour l'attitude étrangement passive de ses dirigeants. Un ancien procureur fédéral américain exprime son étonnement[17] : « *Si Arthur Andersen voulait vraiment survivre à la faillite d'Enron, ses principaux associés auraient lutté plus activement afin d'éviter un procès pour obstruction à la justice* ». Pour cet observateur de l'affaire et du procès : « *Cette attitude n'est pas la bonne quand vous voulez que votre entreprise survive !* ». Tandis que la désintégration du réseau Andersen se poursuit, la presse s'interroge sur les chances d'un acquittement qui serait : « *une victoire morale, mais sans grand intérêt pour un corps mort* », c'est-à-dire qui aurait déjà abandonné la partie. Comment le célèbre cabinet Arthur Andersen en est arrivé là ? Quelles sont les pistes qui peuvent expliquer l'absence de combativité ?

Quand les 85 000 employés d'Andersen, répartis dans 84 pays, apprennent, principalement par la presse, l'implication de leur cabinet dans le scandale de la faillite d'Enron, ils n'imaginent pas une seconde que leur entreprise aura disparu quelques mois plus tard. La confiance dans Andersen, véritable institution dans son métier, est à l'image de celle des commandants du Titanic dans l'étanchéité du bateau qu'ils pensaient insubmersible. En termes de comportement, cela a donné : « Pourquoi se battre puisqu'il suffit d'attendre que la vague passe ».

De jour en jour, le dossier prend une dimension plus dramatique. La faillite d'Enron est la plus importante de l'histoire des

---

17. *New York Times*, 3 juin 2002.

La confiance dans Andersen,
véritable institution dans son métier,
est à l'image de celle des commandants du
Titanic dans l'étanchéité du bateau
qu'ils pensaient insubmersible.
En termes de comportement, cela a donné :
« Pourquoi se battre puisqu'il suffit
d'attendre que la vague passe ».

États-Unis. Les dirigeants auraient interdit à leurs employés de vendre leurs actions pour maintenir les cours boursiers et profiter de ce répit pour solder leurs stock-options. Des milliers de salariés d'Enron ont vu leur plan d'épargne retraite (constitué à 100 % d'actions d'Enron) s'envoler en fumée. Il est reproché à l'auditeur, Arthur Andersen, de ne pas avoir pleinement joué son rôle de thermomètre pour alerter les actionnaires de la montée des risques financiers de l'entreprise. Pire, la confusion des genres est reprochée à Andersen pour avoir conseillé Enron dans cette direction. Dans la panique, les auditeurs de Houston en viennent à détruire des milliers de documents. Il faudra attendre plusieurs mois pour apprendre, lors du procès, qu'aucune pièce en exemplaire unique n'aurait été détruite... Le Président d'Andersen, Joe Berardino, prend les devants en annonçant lui-même au Congrès la destruction de ces documents avec l'idée que son geste, qu'il juge de nature à montrer son courage et sa bonne foi, apaisera les tensions. Il n'en est rien et Andersen doit affronter, dès le 6 janvier, un véritable séisme remettant en question près de 90 ans d'intégrité et de rigueur professionnelle qui ont fondé sa réputation.

La presse anglo-saxonne se déchaîne contre Andersen (on parle de l'*Andersengate* dans le *New York Times*) ; dès le 15 janvier 2002, le sénateur Joseph Lieberman annonce dans une émission[18] : la « fin » d'Andersen, et le *Sunday Times* de Londres publie une caricature représentant une pierre tombale au nom d'Andersen avec l'inscription gravée : « *Rest in peace* » (Andersen : repose en paix). Des journalistes d'investigation appellent les clients pour connaître leurs intentions, ce qui ébranle un peu plus le moral de l'entreprise. Le scandale s'élargit à la sphère politique. Dick Cheney, le Vice-président américain, était un proche des dirigeants d'Enron et sur

---

18. « Meet the Press », NBC.

© Éditions d'organisation

les 248 membres des différentes commissions d'enquêtes parlementaires, 212 auraient reçu des fonds électoraux d'Enron ou d'Andersen.

Droit dans ses bottes et prêt à collaborer avec la justice, le Président d'Andersen Joe Berardino, ne comprend pas. Il ne comprend pas pourquoi l'annonce faite par lui-même de la destruction des documents n'aboutit pas à éteindre l'incendie. Or, c'est l'inverse qui se produit, puisque la justice et les commissions d'enquête ne voudront retenir au mieux la responsabilité d'Andersen pour un grave défaut de contrôle interne de ses procédures et au pire sa culpabilité dans l'affaire Enron. Cette erreur de jugement révèle l'incapacité du management de l'entreprise à prendre immédiatement toute la mesure des griefs formulés contre Andersen et à percevoir que c'est la survie d'Andersen qui est en jeu. Comment l'inimaginable aurait-il pu être envisagé alors que le cabinet existe depuis près de 90 ans et qu'il appartient au club fermé des *big five* ?

Ce manque de clairvoyance biaisera toutes les actions conduites par le cabinet d'audit et son président qui perdent rapidement toute crédibilité aux yeux des enquêteurs, comme des journalistes. Ni la décision de lancer une opération d'envergure pour reconstituer les fichiers à partir des sauvegardes informatiques de la firme ; ni la mise à pied de l'auditeur chargé d'Enron, David Duncan, ne contribueront à inverser le mouvement. Rien n'arrête le lynchage médiatique d'Andersen qui s'enfonce dans la crise. Toutes les tentatives d'explication échouent. La seule attitude qu'attendaient la presse, les commissions d'enquête du Congrès et le Département de la Justice était une reconnaissance immédiate et totale des carences du cabinet dans son ensemble et pas celle de la faute d'un auditeur en particulier.

La défense assise sur la mise en avant de la responsabilité d'un homme, voire de son équipe, a été très mal reçue. Certains ont voulu y voir la marque d'arrogance que l'on attribue généralement aux auditeurs du cabinet. Dans un climat d'incompréhension, les cellules de crise se multiplient, les consultants en communication[19] appelés en grand renfort, mais tard, cherchent à rassurer deux populations essentielles que sont les clients et le personnel. Sans grand succès, puisque plus d'une centaine de clients importants quitteront Andersen dans les deux mois après l'annonce de la destruction des documents. La stratégie du « dos rond » échoue et surtout étend la crise hors des États-Unis prenant de court le réseau international dont les membres espéraient limiter les effets au territoire américain.

Dès l'origine de la crise, les dirigeants adoptent une ligne mesurée sur le thème : si des manquements graves devaient être constatés, des sanctions seraient prises et de nouvelles règles seraient établies pour éviter à l'avenir des dérapages aussi dramatiques que malheureux. Cette ligne avait bien fonctionné dans le passé, or justement c'est celle qui a le plus irrité les autorités judiciaires américaines. En adoptant à nouveau le même discours, les dirigeants montraient que le cabinet n'avait tiré aucune leçon des affaires passées comme Waste Management et Sunbeam. D'où l'incompréhension totale des événements de la part des dirigeants d'Andersen qui a renforcé l'image de suffisance de l'auditeur auprès des autorités américaines et des médias. Cette perception d'être intouchable a été formalisée par un « coach », consultant externe pour Andersen (France), et qui nous confiait au premier trimestre 2001 ce qui faisait à ses yeux la force des auditeurs d'Arthur Andersen : *« Les auditeurs d'Arthur Andersen ont reçu une mission divine pour accomplir le travail de certification des comptes des grandes entreprises. Le don de cette mission est irréversible. Dans leur tête, ils sont, par la qualité de leur pratique, intouchables puisqu'ils sont les garants du système ».* Les auditeurs apportent au monde économique la transparence qui représente l'une des garanties

---

19. En France, Jacques Séguéla et EuroRSCG ont été mobilisés.

de fonctionnement du capitalisme. Ils reçoivent en contrepartie de leur mission une rente généreuse qu'ils se partagent au sein d'un oligopole. Voir faillir ceux qui assurent cette mission essentielle ne peut être que pain béni pour tous les détracteurs du système et de la mondialisation. Ils démontrent ainsi qu'une part des excès du capitalisme échappe aux règles comptables traditionnelles et à tout contrôle.

Dès lors, le renouveau des auditeurs passera par leur capacité à prendre la tête d'une réflexion approfondie sur leur mission et les moyens de l'exercer. Pour Andersen, cette remise en question viendra trop tard avec l'appel au secours lancé à Paul Volcker, l'ancien patron de la FED, pour une remise à plat des pratiques de l'auditeur.

Face au nouvel éclatement de la crise provoqué par la découverte des documents détruits, l'attitude mesurée d'Andersen est prise pour de la suffisance et de l'arrogance. Cet aspect de l'image du cabinet a été largement sous-estimé comme l'illustre la haine qui s'exprime jusque sur le site Internet de la filiale française :

Mail reçu le 8 mars 2002

Bonjour,

J'écoute la radio et notamment les rubriques économiques.

Aujourd'hui c'est Delta Airlines qui vous met à la porte comme des mal-propres ! Après plus de 50 ans de fidélité...

Qui l'eut cru ?

Pour une fois, on peut penser qu'il y a une justice en ce bas monde.

Pensez à tous les gens que vous avez fait « virer » dans toutes les entreprises que vous avez audi-tées et « réorganisées »...

J'espère que le désastre qui vous frappe sera à la hauteur de la suffisance dont vous avez fait preuve tout au long de ces dernières décennies.

Je pense (et j'espère) que pour vous les carottes sont cuites et que vous allez très vite disparaître.

Le monde n'a pas besoin de gens comme vous et je n'éprouve pas la moindre compassion pour tous les guignols de votre staff qui vont se retrouver au chômage.

Perçu comme l'un des piliers du système capitaliste, le cabinet ne parvient pas à échapper au sort de « fusible » du système que l'on souhaite lui faire jouer. De nombreux autres acteurs ont dû trouver commode que la sanction des excès passés se concentre sur le cabinet d'audit Andersen. Cette dimension des attaques portées contre le cabinet semble totalement avoir échappé aux équipes dirigeantes d'Andersen.

Dans une atmosphère de plus en plus lourde, la résilience de l'entreprise ne s'enclenche pas faute d'une juste mesure des enjeux :

- le fort ressentiment de la Justice américaine contre Arthur Andersen en raison d'affaires récentes ;
- l'illusion de penser que le fait d'avoir annoncé la destruction de documents au Congrès en réduirait la portée ;
- l'erreur d'une mise à pied limitée à un homme qui accepte la collaboration avec la Justice pour se retourner contre son ancien employeur ;
- l'impossibilité de mesurer le discrédit d'un CEO qui se bat, mais qui demeure, malgré lui, marqué par le scandale ;

- l'incapacité à comprendre qu'Andersen ne peut alors passer que pour une organisation criminelle, ou pour une organisation incompétente et sans contrôle interne ;
- enfin, la prise en compte de l'impuissance d'un management en « *partnership* » à décider rapidement en temps de crise.

Cette somme de facteurs explique la cécité des responsables de l'entreprise, qui ne parviennent pas à contenir et à juguler la crise, cherchent vainement l'occasion d'un sursaut, mais dont les erreurs de jugement seront fatales. Les mécanismes de résilience montrent combien la capacité d'effectuer un diagnostic objectif est essentielle pour faire la part des choses, puis exploiter ce constat afin d'enclencher une action efficace. Dans le cas d'Andersen, les auditeurs ne parviennent pas à écarter leur réaction émotionnelle déformante ; ils partagent le sentiment profond de vivre une injustice collective pour une faute individuelle qui ne les concernent pas.

Jetés au bas de leur piédestal, ils défendent leurs valeurs sans percevoir que les faits les rendaient collectivement responsables, pas coupables, des agissements de leurs pairs impliqués dans les affaires passées et présentes. Dès le mois de décembre 2001, un responsable interpelle au cours d'une réunion des associés sur la gravité de la situation : « *Le ciel nous tombe sur la tête, il faut réagir !* ». Un éclat de rire général accueille sa mise en garde sur le thème : « Houston, c'est loin. Ici, en France, on ne risque rien ! ». Au journal *Le Monde*, deux collaborateurs du cabinet français déclareront de manière anonyme : « *Nous étions comme ces personnages de dessins animés qui courent au-delà de la falaise sans comprendre qu'ils sont au-dessus du vide !* ».

Dès l'annonce de la destruction des documents et de l'éventualité d'une mise en examen d'Andersen, le principe de réalité s'impose. Chez Andersen France, un dirigeant laissera échapper aux associés réunis dans les jours qui ont suivi cette annonce :

« *Rassurez-vous, je n'ai pas d'issue sur le doute* » au lieu de « *je n'ai pas de doute sur l'issue* » de cette malheureuse affaire. En effet, le doute concernant la survie d'Andersen s'installe dans les têtes. C'est dans ce contexte qu'il est intéressant de suivre les tentatives de gestion de la crise qui montrent que toutes les cartes jouées par l'entreprise seront perdantes. Le *Financial Times* dresse les leçons de la disparition d'Andersen en indiquant que cette affaire deviendra certainement un exemple de tout ce qu'il ne faut pas faire en matière de gestion de crise[20]. Plusieurs observateurs attentifs expriment le même point de vue. Andersen aurait pu être sauvé, mais une série d'erreurs fatales l'amèneront à sa perte. Quelles sont ces cartes qui éclairent le défaut de résilience collective de l'auditeur ?

La première carte du Président a été de jouer la transparence. Cette démarche louable et recommandée se retourne pourtant contre lui. Pourquoi ? Le 12 décembre, il reconnaît devant la Commission du Congrès une erreur comptable portant sur une surestimation de 100 millions de dollars des comptes d'Enron. La surprise est générale, car d'une part cette reconnaissance vient trop tôt dans le processus très long de ce type d'enquête et d'autre part, dès qu'une faute est reconnue, il devient très difficile de défendre la qualité du reste du travail effectué. Cette attitude d'intégrité, ouverte et sincère, aurait fonctionné si elle n'avait pas été mise en défaut par des informations ultérieures jetant un doute sur la crédibilité des assertions du Président. Immanquablement, les jours suivants ont amené leur lot de mauvaises nouvelles ruinant totalement l'exercice de transparence de Joe Berardino. La séance télévisée de son interrogatoire devant la Commission d'enquête est catastrophique. Son discrédit est tel que les parlementaires n'ont plus aucune retenue.

---

20. « Andersen in crisis », *Financial Times*, 11-12 avril 2002.

Le fait de prendre l'initiative d'informer les autorités américaines de la destruction des documents renforcera ce discrédit.

La deuxième carte du Président d'Andersen a été de répondre à la destruction des documents par la mise à pied de l'associé en charge d'Enron. Loin d'éteindre l'incendie, cette décision l'attise pour deux raisons principales : d'abord, la stratégie du fusible « Duncan » ne prend pas car l'absence de contrôle des procédures est une responsabilité collective de l'entreprise ; de plus, Andersen se met à dos un acteur majeur dont l'entreprise avait besoin pour faire face aux accusations touchant le fonctionnement de la firme. Les événements le montreront, David Duncan se retourne contre son ancien employeur et plaide coupable après avoir négocié avec le DoJ[21] américain une clémence pour les actes délictueux qu'il aurait commis. Sa mise à pied va considérablement fragiliser la défense d'Andersen et renforcer les moyens de la Justice pour faire plier le cabinet.

La troisième carte qui a été mal jouée est en effet celle des relations avec le ministère de la Justice, le DoJ. Le management d'Andersen n'a pas pris la vraie mesure du ressentiment de la Justice à l'égard de leur cabinet. Une succession d'affaires assez récentes avait sérieusement écorné l'image de l'auditeur et l'affaire Enron est immédiatement apparue comme une affaire de trop. Chacun des *Big Five* a eu, comme auditeur, des démêlés avec la justice pour des erreurs effectuées dans les comptes de grandes sociétés. Dans le cas d'Arthur Andersen, l'hostilité des autorités est née du sentiment que rien n'a jamais été entrepris pour corriger les causes de ces erreurs. Cette rancœur a été un obstacle majeur et a empêché l'aboutissement de toutes les négociations. Faute de saisir l'état d'esprit des autorités américaines, les avocats d'Andersen, le cabinet Davis, Polk & Wardwell, estiment que

---

21. DoJ : *Department of Justice.*

les preuves de collaboration d'Andersen avec la Justice sont bonnes et qu'elles pourront éviter une mise en examen. C'était négliger le poids de précédentes affaires que Michael Chertoff, le responsable de la division des affaires criminelles du DoJ, n'avait pas oubliées. À ses yeux, la volonté de coopération d'Andersen n'était qu'un faux-semblant, voire une offense à la justice. Arthur Andersen avait pu se défaire des précédents et récents cas de fraude relatifs à l'audit de Sunbeam et de Waste Management, mais ces affaires étaient encore très présentes dans l'esprit des autorités américaines. Quelques mois plus tôt, en juin 2001, le cabinet Andersen avait payé une somme de sept millions de dollars pour des fraudes sur l'audit des comptes de Waste Management. Rien ne pouvait donc enlever de la tête de Michael Chertoff que le cabinet Arthur Andersen n'avait tiré aucune leçon de ses erreurs passées. Dès lors, sa détermination est totale car, si l'auditeur n'a pas changé ses procédures de contrôle interne, c'est donc qu'il est complice de fraudes. Il n'accorde aucun bénéfice du doute à l'auditeur. Les propos de Joe Berardino, qui sont rapportés dans le *Financial Times*, montrent une incompréhension totale du point de vue de Michael Chertoff : « *Do you want to kill us or not ?* » demande-t-il au responsable du ministère de la Justice dont il comprendra plus tard le sens de la réponse sous la forme d'un long silence.

La quatrième carte qui se retournera contre Andersen est la tentative de *lobbying* déployée à Washington pour influencer les supérieurs de Michael Chertoff. C'est un échec complet. Les dirigeants d'Andersen ne seront pas reçus et les patrons du DoJ restent inflexibles. Les responsables politiques ne bougent pas et encore moins la Maison-Blanche dont on sait que le Président et le Vice-président entretenaient des relations avec Kenneth Lay, le dirigeant d'Enron. Ici, la stratégie du « fusible » fonctionne parfaitement et les démêlés de l'auditeur avec la justice sert d'écran commode à la Maison-Blanche.

176

La cinquième carte sera une ultime tentative d'intervention[22] en faveur d'Andersen de Paul Volcker, ancien Président de la FED, et d'Arthur Levitt, ancien Président de la SEC auprès de la Justice américaine. Ils subissent un véritable camouflet. Aucun responsable du ministère n'acceptera de leur parler au téléphone ! Dans un sursaut désespéré, les avocats de l'auditeur crient dans une déclaration à la presse : « *à l'abus de pouvoir si une mise en examen était prononcée* ». Mais, les dés sont jetés. Le DoJ avait donné quelques jours au cabinet pour décider de plaider coupable ou non coupable d'entrave à la justice. À l'issue de ce délai, le 14 mars 2002, un juge fédéral de Houston confirme la mise en examen collective d'Arthur Andersen.

La mise en examen et le départ annoncé de plus d'une centaine de clients poussent le management à trouver rapidement une porte de sortie en tentant, dès le 18 mars, une négociation avec KPMG pour un rapprochement hors des États-Unis. Il faudra attendre le 26 mars pour que Joe Berardino démissionne en déclarant : « *J'avais une balle à prendre. Le tout était de la prendre au moment où elle aurait le plus d'impact !* »[23]. Une décision qui prend des allures de sacrifice, mais qui au-delà de son aspect pathétique intervient trois mois trop tard.

Comment le cabinet Andersen aurait-il pu être sauvé ?

La même presse qui a fustigé le comportement d'Andersen dans l'affaire Enron a émis un diagnostic montrant comment l'auditeur

---

22. FT, 12 avril 2002.
23. Challenges, 4 avril 2002 et FT, 28 mars 2002.

aurait pu être sauvé. Le *New York Times* du 18 mars 2001 confirme le sentiment de nombreux employés d'Andersen estimant qu'un sursaut était encore possible. Cette opinion est née de la comparaison[24] qui est effectuée entre la réaction de Salomon Brothers et du cabinet Andersen, confrontés à quelques années d'intervalle, à un scandale financier majeur menaçant leur existence. En 1991, Salomon Brothers, une des prestigieuses banques d'affaires américaines, est convaincue de fraude sur les obligations du Trésor américain. Les dirigeants ne réagissent pas immédiatement au comportement de l'un de leur gestionnaire, couvrant ainsi une opération délictueuse. Quand le scandale éclate, la Réserve Fédérale menace de suspendre la banque du marché primaire des obligations d'État et de poursuivre Salomon Brothers pour forfaiture. La réputation de la banque est gravement altérée par la dimension du scandale qui envahit les médias. L'opinion générale qui se dessine est que Salomon Brothers ne pourra par survivre à un tel cataclysme. Pourtant, la banque survivra, aucune mise en examen ne sera prononcée et aujourd'hui, quelques fusions plus tard, Salomon Smith Barney est toujours une filiale de Citigroup Inc. Comment la banque Salomon Brothers a-t-elle activé une résilience collective qui lui a permis de survivre au désastre annoncé et pourquoi l'auditeur Arthur Andersen n'a-t-il pas réussi à prendre des mesures semblables et disparaît ?

Richard Breeden, le Président de la SEC[25] de l'époque, donne un point de vue tranché de la situation entre les deux entreprises : *« Andersen a fait trop peu et trop tard pour faire le ménage interne qui s'imposait dès l'annonce de la faillite d'Enron puis de la destruction des*

---

24. Floyd Norris, « From Warren Buffet, a lesson in how to survive a scandal », *New York Times*, 19 mars 2002.
25. *Security and Exchange Commission* (SEC) : l'organisme chargé du contrôle du marché financier aux États-Unis.

documents. Les auditeurs méritent donc ce qui leur arrive ! ». Il poursuit sur le fait que ses successeurs ont peut-être été impressionnés par la volonté de réforme d'Arthur Andersen, mais qu'il n'y a jamais cru. Il en veut pour preuve que la première chose qui aurait dû être décidée aurait été de changer rapidement les plus hauts responsables en place. Le départ des personnes ayant un lien de responsabilité avec l'affaire et la nomination de nouvelles têtes auraient créé un climat différent. En effet, c'est exactement ce que Warren Buffet a décidé en 1991 pour sauver Salomon Brothers. Les quatre principaux dirigeants de la banque ont été écartés et Warren Buffet, qui n'avait aucun lien avec l'affaire, a été nommé Président et Directeur Général.

Sa volonté de transparence et de conduite de réformes profondes a été bien accueillie. Il a proposé qu'un représentant de la SEC partage son bureau pour vérifier sur le terrain le sérieux des mesures prises pour renforcer le contrôle interne de la banque. De plus, il a reconnu que si les autorités étaient amenées à mettre en examen Salomon Brothers, la banque plaiderait coupable. Selon l'ancien Président de la SEC : « *Joe Berardino, bien que l'homme le plus agréable du monde, aurait dû partir car si quelqu'un devait assumer la responsabilité des événements, c'était clairement lui !* ». En refusant d'assumer cette responsabilité (qui n'était pas un aveu de culpabilité), le Président d'Arthur Andersen a mené un combat perdu d'avance. Ne bénéficiant d'aucune réelle crédibilité, son attitude fait même obstacle à d'éventuelles portes de sortie. Aux yeux de la justice, les faits s'étaient produits sous la présidence de Joe Berardino et le défaut de contrôle interne, voire de management, qui a été reproché à Andersen relevait de sa responsabilité.

Dans ce contexte, la nomination du comité de réformes conduit par Paul Volcker arrive trop tard pour contrebalancer l'absence de changement à la tête d'Andersen. Jamais ce comité ne disposera du crédit nécessaire pour négocier dans de bonnes conditions la survie du cabinet avec le ministère de la Justice. Il faut aussi comprendre que dans une entreprise qui fonctionne en « *partnership* », où il faut six mois pour élire un nouveau président, les grandes décisions sont prises en consensus à une vitesse qui ne s'accorde pas avec celle de la gestion d'une crise aussi grave. Même s'il semble que le dirigeant d'Andersen ait pensé à partir, sa décision aurait certainement ouvert une crise de management en pleine tempête, car personne n'était volontaire pour prendre sa place.

Contre toute attente, le déroulement du procès montre que la culpabilité d'Andersen n'a pas été simple à démontrer. Le *Figaro Économie* titre : « *L'accusation peine à prouver la culpabilité d'Andersen* »[26], les délibérations traînent et une intervention discutable du juge sur les jurés prend l'allure d'une pression. Les écueils que rencontre la mécanique de la justice américaine indiquent que le cas était certainement moins tranché qu'il n'y paraissait. Pour Andersen, la bataille n'aurait peut-être pas été livrée sur les bons fronts et avec la meilleure énergie.

Au moins deux explications peuvent être avancées dans cette direction. La première est liée à l'incapacité des dirigeants à mesurer la rancœur des autorités de tutelle et donc à comprendre la véritable portée des accusations. Or, ce sont ces raisons qui expliquent l'ardeur à faire chuter l'auditeur[27]. La seconde explication porte sur le comportement des associés mondiaux (environ 2000 personnes). Face à la montée du scandale, leur cohésion s'effrite vite. La tentation d'abandonner le terrain collectif pour livrer une bataille personnelle afin de défendre

26. *Le Figaro Economie*, 25-26 mai 2002.
27. Kurt Eichenwald, « Andersen misread depths of the government's anger », *New York Times*, 19 mars 2002.

leurs acquis les gagne progressivement. Plusieurs prises de positions éclairent ce choix comme :

- l'annonce de la fin de la solidarité du réseau mondial qui devient soudainement un réseau de franchisés indépendants, mais partageant à l'instar de Mc Donald's une marque commune ;
- le brusque abandon du concept « *one firm* », tant mis en avant pour affirmer l'unité de l'entreprise auprès des employés ;
- enfin, la volonté des auditeurs de rapidement se débarrasser de l'image encombrante de la « pluridisciplinarité » qui justifiait l'offre conjuguée d'audit et de conseil. La volte-face des associés pour trouver une solution leur permettant de rester dans le cercle restreint des auditeurs, devenus les « *fat four* », révèle combien leur attachement à la marque Andersen était faible.

La crainte de sanctions financières extrêmement lourdes précipitera l'issue fatale. Selon la loi américaine, les associés peuvent être rendus responsables sur leurs biens propres et le DoJ n'a pas caché sa volonté de poursuivre le réseau mondial d'Andersen. Un avocat d'Andersen, chargé d'une éventuelle transaction avec les actionnaires ruinés d'Enron, a déclaré à la presse : « *Saisissez cette offre de quelque huit cents millions de dollars d'un Andersen vivant, car bientôt vous n'obtiendrez rien d'un Andersen mort !* ». Face à la virulence des accusations et aux montants en jeu, les associés précipitent cette issue fatale, avec en tête le président Joe Berardino, qui fait la une des *Echos* en annonçant : « *Nous sommes prêts à perdre notre indépendance* ». La messe est dite, la dislocation est proche et l'avenir des employés apparaît chaque jour plus sombre. Des solutions de reprise sont activées à la hâte avec les concurrents d'hier et ce hara-kiri des dirigeants déclenche un sauve-qui-peut généralisé du réseau. L'émotion des employés est grande et ils assistent impuissants au sacrifice de la marque en regrettant amèrement qu'aucune vraie bataille n'ait été livrée.[28]

Si la résilience collective a fait défaut, il faut certainement en rechercher la raison profonde dans le manque d'identité et de culture commune de l'auditeur. Malgré des investissements colossaux en communication interne, force est de constater le peu d'estime de soi collective d'Andersen. L'identification individuelle à l'image d'Andersen était forte, mais insuffisante à cimenter un groupe pourtant composé de 84 000 personnes. L'abandon des auditeurs américains à leur sort, par la remise en question du principe de solidarité, marque la fin de l'unité de façade du cabinet.

Dès lors, une course au repli sur soi s'opère, par région, pays, équipe, métier, pratiques, entre des associés se connaissant et se faisant confiance pour sortir de l'ornière. La désillusion des salariés non-associés est totale. Leur attachement fidèle à la marque tranche avec l'abandon des associés fuyant le navire à la recherche d'une nouvelle solution capitalistique. Certains trouveront dans ces nouvelles solutions la possibilité de se recaser, mais les vagues de licenciements prouveront un manque complet d'intérêt pour « les gens d'en bas » qui subissent de plein fouet la déconfiture de l'entreprise. Les valeurs d'intégrité et de solidarité tant affichées sont oubliées. Alors que pour les employés d'Arthur Andersen ce nom contribuait à une grande estime de soi collective, la débâcle de l'entreprise ouvre, pour les collaborateurs du cabinet, une crise profonde qui devra les mener au deuil de la marque.

---

28. Voir également l'article paru dans le *Financial Times* du 11 mars 2003 « Who killed Arthur Andersen ? » qui pose la question sur le meurtre ou suicide du cabinet d'audit.

En situation d'incertitude, des prises de décision irrationnelles

> *« Les individus prennent des risques, car*
> *ils ne mesurent pas les risques qu'ils sont*
> *en train de prendre ! »*

Daniel KAHNEMAN

La remise du prix Nobel d'économie 2002 au psychologue Daniel Kahneman marque un tournant dans l'histoire de la science économique. L'attention qui est portée aux comportements des agents économiques remet en question le principe de leur seule rationalité. Les décisions des individus ne sont plus uniquement expliquées comme le résultat d'un calcul rationnel qui optimise les choix entre tous les possibles. La complexité des facteurs place les individus dans l'incapacité de saisir et de traiter toutes les informations. Leurs décisions ne sont donc pas prises en toute connaissance de causes, mais dans l'incertitude.

Daniel Kahneman montre que dans ce contexte, les décisions prises sont donc largement irrationnelles. Cette prise en compte de la psychologie individuelle et collective nous permet de mieux comprendre les comportements des acteurs économiques. La notion de résilience éclaire d'un jour nouveau leurs comportements possibles face aux incertitudes, aux contraintes et aux obstacles qu'ils rencontrent.

En situation difficile, voire désespérée, l'individu résilient se bat au moins contre une certitude : s'il ne tente rien, il n'a aucune chance de sortir de ses difficultés. En revanche, son choix est irrationnel puisque celui-ci s'oppose au sort de condamné social ou économique auquel il était promis. À partir des études sur la résilience, on peut tenter de mieux cerner le comportement individuel et collectif des personnes face aux épreuves économiques et professionnelles. Un chômeur qui décide de créer son entreprise prend une décision hautement incertaine dans un contexte d'irrationalité totale, puisque personne ne croit *a priori* à ses chances. C'est en démontrant, contre toute attente, que son choix est viable qu'il persévère et réussit.

La notion de résilience apporte une clé nouvelle à la compréhension de la vie économique, faite de ruptures et de sursauts. Cette clé aide à comprendre pourquoi ce sursaut se renouvelle et pourquoi il est plus largement envisageable que ne laisse croire la gravité de la situation. D'autre part, nous apprenons que l'effet de levier de la résilience est puissant puisqu'il peu suffire d'un simple geste de soutien et d'écoute pour enclencher et encourager des forces latentes non exprimées. Le rebond des personnes résilientes est en effet directement lié au soutien extérieur (un encouragement, le soutien d'une personne de l'entourage, la reconnaissance du marché,...) qui viendra appuyer leur décision. S'ils trouvent cet encouragement, leurs chances de succès seront démultipliées.

Le changement de regard que la résilience nous propose sur le sort de ceux qui subissent les retournements de la vie économique renouvelle l'espoir dans la capacité des hommes à se reconstruire. Cet espoir s'accorde avec celui qui est implicitement contenu dans la capacité du système de l'économie de marché à toujours offrir de nouveaux possibles. Si cet espoir se transforme en illusion, en raison des dysfonctionnements du système, la résilience est étouffée. Si au contraire, le système offre une réelle possibilité de reconnaissance du potentiel de chacun, l'horizon change et la résilience s'exprime.

Dans le sursaut économique ou professionnel, la conviction est plus forte que le risque pris. Le risque n'est pas calculé, mais simplement apprécié. Pour prendre l'exemple de la création d'une entreprise

*La complexité des facteurs place les individus
dans l'incapacité de saisir
et de traiter toutes les informations.
Leurs décisions ne sont donc pas prises
en toute connaissance de causes,
mais dans l'incertitude.*

nouvelle, un « business plan » rassure, mais n'intègre pas l'ensemble des aléas du projet. C'est l'espoir porté par l'entreprise qui sert de moteur pour les surmonter.

Dès lors, toutes les qualités personnelles se mettent au service de la solution imaginée pour rebondir. L'individu puise dans la somme d'informations et d'expériences qu'il a accumulée tous les éléments rationnels dont il a besoin. Il fait également appel à des facteurs moins conscients qui interagissent comme sa perception, ses émotions, mais aussi les leçons tirées de ses comportements passés.

L'apport des théoriciens de l'économie psychologique est justement d'inclure dans les processus de décision outre des facteurs rationnels, ces aspects plus irrationnels. Les travaux de Daniel Kahneman et d'Amos Tversky ont été récompensés car ils ont réussi à démontrer que les individus ayant à gérer des situations complexes aux conséquences incertaines adoptent un processus de décision fondé sur des raccourcis heuristiques ou un tâtonnement pragmatique.

Les raccourcis heuristiques reposent sur une démarche cognitive ou apprenante qui fait largement appel à la déduction pour parvenir à la solution appropriée. La capacité à établir de tels raccourcis contribue à une résolution plus rapide des problèmes rencontrés. En situation d'incertitude, le jugement humain exploite souvent une démarche pragmatique qui est en contradiction avec ce qu'aurait donné une exploitation de toutes les informations antérieures à la décision. Le cœur de l'économie psychologique repose sur le constat que les individus ont tendance à évaluer des événements aléatoires en assignant la même probabilité aux petites séries d'événements qu'aux grandes séries d'événements. En d'autres termes, ils ne prennent pas en compte la réduction de l'incertitude qui est une fonction de la taille de l'échantillon d'événements qu'ils analysent.

En situation d'incertitude, la prise de décision est beaucoup plus influencée par la variation d'un événement par rapport à une référence donnée (ou une norme admise) que le changement absolu qui le caractérise. Cela explique que les décisions prises, sous contrainte de risque, privilégient une analyse isolée de gain ou de perte plutôt qu'une mise en perspective de la décision et de toutes ses conséquences. La représentation que chacun se fait par exemple des mouvements financiers est marquée par les événements récents. Un investisseur qui constatera qu'un gérant de fonds a eu des résultats deux ans de suite meilleurs que l'indice de référence, sera tenté de conclure que ce gérant est systématiquement plus compétent. Le fait que les individus soient plus sensibles à la loi des « petits » nombres qu'à celle des grands nombres explique qu'un événement qui affecte une personne proche pousse souvent à une généralisation contraire à une déduction rationnelle. Après l'été 1998 et la crise financière russe, les banques anticipaient une chute durable des marchés. À la surprise générale, les marchés d'actions se sont rapidement redressés sous l'action des investisseurs individuels. Ces derniers ont mis à profit leurs capacités d'arbitrage sur les sites boursiers en ligne pour racheter des titres momentanément à la baisse.

De plus, l'attitude des individus n'est pas symétrique par rapport aux pertes ou aux gains de même taille qu'ils peuvent rencontrer. Les études révèlent que leur degré d'intolérance aux pertes est bien plus grand que le sentiment laissé par des gains de même dimension. Cette asymétrie, comme les autres constatations de Kahneman et Tversky, contredisent de nombreux points de la théorie économique comme le montrent les exemples suivants :

- nous avons tous pris la décision de dépenser 4 € d'essence pour acheter en lointaine banlieue, dans un magasin d'usine, du papier de toilette sur lequel on aura réalisé une économie

187

de 3 € ; cet exemple montre les limites du calcul rationnel de nos décisions d'achat.

• le cheminement qui conduit à souscrire une assurance élevée pour un appareil électroménager dont la valeur de rachat et la durée de vie ne justifient pas la somme des primes qui seront payées constitue un autre exemple de décision irrationnelle.

• la démarche est assez semblable dans le cas de la souscription des assurances complémentaires de location de voiture dont le montant payé de 20 € la journée ne fait jamais calculer que l'on acquitte en fait une prime d'assurance annuelle équivalente à 7 300 €.

Ces décisions ne répondent pas à un calcul rationnel et trouvent leur justification en dehors du champ traditionnel de l'économie touchant à la personnalité, au besoin de sécurité ou à un autre aspect psychologique de l'acte d'achat.

Ces nouvelles approches tendent à montrer la part d'irrationnel qui existe dans la prise de décision des individus en situation incertaine. La représentation qu'ils se font des choses joue un rôle majeur dans l'explication de leur comportement. Leur décision est en opposition avec la théorie rationnelle, elle en est même une anomalie. Au plan macroéconomique, l'exemple du maintien d'un niveau élevé de la consommation des ménages malgré des informations alarmantes sur les perspectives à long terme des revenus ou des retraites est caractéristique.

Confrontés à une situation qui les condamne, certains la refusent. Les praticiens de la résilience nous aident à comprendre les conditions qui permettent au résilient de défier la rationalité ambiante pour imposer sa voie. Dans la décision d'entreprendre, mais aussi dans les mécanismes de renouvellement de l'entreprise, cette affirmation personnelle est essentielle. Penser autrement devient une qualité recherchée. Cependant, pour avoir une chance de s'exprimer, elle passe par une écoute et une attention qui, dans la vie économique et professionnelle, ont longtemps fait défaut. Le cas de Daniel Goeudevert, le premier Français à devenir Président du Directoire d'un constructeur automobile allemand (Volkswagen), est significatif. Il a expliqué ce choix par la volonté de Volkswagen d'avoir quelqu'un apportant une **pensée différente**[29]. Cette expérience ne durera pas longtemps faute d'une réelle écoute de l'entreprise pour concrétiser les suggestions de Daniel Goeudevert. En 1993, il quitte le constructeur allemand pour apporter ses idées économiques à la Fondation Gorbatchev.

Le poids des idées reçues et des structures ont longtemps étouffé la créativité. Des couches hiérarchiques étanches, une circulation privilégiée de l'information, rendaient l'expression créative plus difficile, car elle était vécue comme une sortie inadmissible du rang, et surtout rendait sa reconnaissance impossible. Nécessité fait loi. L'entreprise et la société s'ouvrent à l'idée de bénéficier de cette énergie rare et aujourd'hui vitale. L'opinion qu'une contribution trop passive des hommes à leur vie professionnelle serait antiéconomique gagne du terrain. Ce que nous apprennent les praticiens de la résilience est que le sursaut des blessés de l'activité économique ne se décrètera pas et encore moins dans le climat actuel de démobilisation.

La réalité des entreprises vécue par les cadres français montre qu'il y a, dans ce domaine, un fossé à combler. L'examen du comportement des cadres français montre qu'ils tendent à lever le pied et qu'ils vivent avec un scepticisme croissant leur relation avec l'entreprise et ses dirigeants. Quand on cherche à cerner la représentation que se

---

29. Club de *L'Expansion* à Berlin, Janvier 1991.

font les cadres de leur entreprise, on comprend mieux les raisons de leur implication déclinante. À la question : comment votre entreprise peut-elle, selon vous, renforcer votre implication ? 30 % des cadres français interrogés[30] répondent : « *en demandant à mon supérieur hiérarchique direct d'avoir d'avantage de reconnaissance pour mon travail* ». D'une manière générale, ce manque de reconnaissance, de dialogue qu'il traduit, de relations d'adulte à adulte, de partage des responsabilités et d'engagements respectés provoque une crise de confiance grave au sein des entreprises. Il en résulte une érosion de la motivation et une chute de la productivité. Cette enquête révèle que les cadres qui représentent les forces vives de l'entreprise adoptent progressivement un comportement irrationnel (à l'opposé de toute leur culture) consistant à baisser les bras face à l'incompréhension dont ils font l'objet.

Selon l'institut IFOP, 17 % des cadres seraient déjà activement désengagés[31]. En février 2003, un sondage de la Sofres révèle que 54 % des salariés doutent de leurs équipes dirigeantes. Ces signes indiquent un risque réel d'extension du désengagement au travail avec des heures comptées, une résistance à la prise de responsabilité, etc.
L'urgence d'un nouveau contrat, plus clair et plus responsable, encourageant la considération et le respect, s'impose entre les salariés et leur entreprise.

L'absence de prise en compte de cet aspect de la relation entre l'individu et son entreprise conduit à une perte d'énergie vitale. Si au cours des périodes de prospérité cette perte en ligne est peu perceptible, elle prend dans les périodes d'adversité une dimension stratégique en entravant les capacités de rebond de toute l'entreprise. Les spécialistes de la résilience insistent sur la nécessité de considérer

30. Sondage CSA/*Enjeux Les Echos*, Novembre 2002.
31. *Enjeux Les Echos*, Janvier 2003.

L'opinion qu'une contribution trop passive des hommes à leur vie professionnelle serait antiéconomique gagne du terrain. Ce que nous apprennent les praticiens de la résilience est que le sursaut des blessés de l'activité économique ne se décrètera pas et encore moins dans le climat actuel de démobilisation.

chaque personne dans son unité. Dans les entreprises qui mettent
en place une gestion des compétences, l'appréciation de l'apport
d'un individu ne se limite pas à un ou deux critères, mais prend
en compte l'ensemble des éléments qui lui sont favorables. Cette
perception de tout le potentiel des collaborateurs de l'entreprise
constitue une marque d'intérêt de leur travail, une attention sur
leur devenir, mais surtout une écoute de leur contribution individuelle au renouvellement de l'entreprise. À l'heure où la performance
des entreprises repose de plus en plus sur cette capacité à se renouveler, elles construisent leur avenir sur une mobilisation qui résulte
en fait d'une somme de comportements humains passés. C'est à
partir de la perception que les collaborateurs de l'entreprise se seront
faits de ces efforts d'écoute, de reconnaissance et de soutien qu'ils
pourront échafauder, dans les moments critiques de l'entreprise,
des comportements résilients.

Les entreprises au pied du mur

Jamais les entreprises n'ont affirmé avec autant de force l'importance
de leur capital humain. Pourtant, jamais le sentiment n'a été aussi
marqué que ces effets d'annonce demeuraient peu suivis de résultats
concrets.

Depuis une décennie, on nous a annoncé l'émergence d'une entreprise à l'écoute[32], d'une entreprise apprenante[33] et d'une entreprise
créative[34]. Les perceptions évoluent, mais la mise en œuvre concrète

---

32. Michel Crozier, *L'entreprise à l'écoute*, Interéditions, 1989.
33. Peter Senge, *La cinquième discipline, l'art et la manière des organisations qui apprennent*,
First, 1991.
34. Gottlieb Guntern, *op. cit.*

se heurte à des freins culturels évidents. Des années de pratique dans le conseil aux entreprises font dire à Hughes Roy[35] que le sigle RH, qui est bien connu dans les entreprises pour ressources humaines, devrait plutôt signifier Richesses Humaines. Cette différence sémantique est destinée à marquer le passage de la gestion d'une ressource banale et interchangeable vers la gestion d'une ressource plus rare. Parler de richesses humaines est un choix, celui d'accorder une attention plus grande aux potentiels qu'elles représentent.

Pour toutes les entreprises qui prétendent placer l'homme au cœur de leur organisation, il semble bien que l'heure de vérité ait sonné. La perspective d'une inversion du marché de l'emploi des cadres avec une demande structurellement supérieure à l'offre devrait pousser les entreprises privées et les administrations à considérer ce choix comme une priorité.

Ce nouveau contexte change la donne sur plusieurs points. D'abord, la gestion des compétences, qui était attendue comme l'Arlésienne au sein des entreprises, va devenir un chantier majeur. En effet, l'entreprise pourra de moins en moins compter sur la possibilité d'acquérir sur le marché les compétences requises, mais devra faire évoluer les compétences internes. Une gestion dynamique des compétences demandera une veille attentive des besoins et des potentiels pouvant y répondre. Le repérage des potentiels prendra une place plus grande : Michel Hidalgo, ancien entraîneur de l'équipe de France de football et consultant, aime à rappeler son rôle de « coach » pour détecter les besoins de l'équipe et déceler en son sein celui dont le potentiel permettra de remplir une nouvelle fonction. Ce regard sur les capacités est fait d'anticipation des besoins, de connaissance fine des individus,

© Éditions d'organisation

---

35. Hughes Roy, Directeur Délégué Altédia.

de conviction dans leurs ressources et d'investissement dans leur potentiel par la formation. Dans l'entreprise, la grille des compétences qui avait tendance à se rigidifier devra évoluer au rythme de ses nouveaux besoins humains. Cette approche plus dynamique favorisera l'identification des pénuries de compétences à combler à l'horizon d'un, deux et cinq ans. La formation, qui était souvent perçue comme une dépense, voire une perte de temps, devra être gérée comme un investissement à moyen terme.

Par ailleurs, cette nouvelle donne changera le regard porté par l'entreprise sur le périmètre des compétences de chaque collaborateur. Le champ restreint aux compétences techniques les plus directement exploitables devra être élargi pour inclure la capacité d'initiative, la créativité, l'agilité ou la capacité d'apprentissage.

Appréciées à titre anecdotique, ces qualités devront être mieux identifiées car elles seront déterminantes pour mettre les individus en situation d'accéder à de nouvelles compétences. Sur ce plan, la demande des cadres est forte puisqu'ils sont 36 % à déclarer vouloir s'impliquer plus si la contrepartie est une amélioration de leurs perspectives de carrière[36].

Dans une relation de travail plus individualisée, ces aspects d'acquisition de compétences et d'évolutions de carrière prendront une place croissante. La réconciliation du niveau individuel et du niveau collectif (celui de l'ensemble de l'entreprise) demandera une attention particulière pour que la gestion des richesses humaines englobe la montée en compétence de toute l'organisation.

© Éditions d'organisation

---

36. Sondage CSA/ *Enjeux Les Echos*, Novembre 2002.

Réconcilier la performance individuelle et la performance collective

L'entreprise est une collectivité qui s'est longtemps opposée à l'originalité des individus. La tentation de faire rentrer dans le rang ceux qui pouvaient apporter à l'entreprise de nouvelles manières de penser et de faire répondait au besoin d'homogénéisation du travail et de la production. Avec une individualisation plus marquée du travail, les entreprises recherchent un équilibre plus fin entre l'individu et la collectivité pour mieux accepter, et surtout intégrer, les idées innovantes. L'écueil de cette expression plus admise des initiatives nouvelles subsiste au niveau de l'acceptation de l'échec. En effet, si l'expérimentation est sanctionnée négativement, les volontés créatrices seront vite étouffées. Par ailleurs, cette approche demande aussi d'examiner d'un regard nouveau l'expérience des personnes mises de côté, mais prêtes à rebondir.

Bien que réticentes à accepter un niveau plus élevé de créativité, les entreprises ont saisi que leur performance dépend de plus en plus de cette ébullition. Admettre et reconnaître l'agilité et l'initiative ne va pas de soi. De plus, ces vertus, même si les dirigeants de l'entreprise décident qu'elles deviennent indispensables, ne se commandent pas. Elles demandent pour s'activer une écoute, une confiance et une attention aux qualités personnelles et aux compétences professionnelles de chacun. Il y a donc urgence à combler le fossé qui existe entre une volonté affichée et une pratique encore trop méfiante des entreprises. La réalité de l'activité économique devrait agir comme un vigoureux moteur de changement. En effet, l'accélération du cycle de vie des produits de l'entreprise exige des combinaisons différentes de compétences ; certains n'y seront pas associés, mais seront remis en activité dans une configuration ultérieure. À l'image du mercure, des équipes pourront se former et se défaire pour répondre à des projets précis.

Ce nouvel environnement de travail met en avant des qualités qui étaient bridées dans les organisations anciennes. La souplesse d'adaptation des hommes, leur sens de l'initiative, leur prise de responsabilité, leur savoir-faire relationnel seront enfin reconnus comme des qualités majeures. Les réflexions sur l'entreprise créative, qui apparaissaient très conceptuelles, prennent aujourd'hui une nouvelle et réelle consistance.

Une forme importante que prend l'attention portée aux collaborateurs de l'entreprise est celle de l'effort de formation qui leur est réservé. Les entretiens annuels qui sont conduits dans les entreprises déterminent l'adéquation des compétences au poste et aux responsabilités. En principe, il ressort de cet échange l'expression d'un besoin de formation permettant au salarié d'entretenir ses compétences. Il faut croire, à en juger par une rapide comparaison internationale, que la somme des efforts de formation des entreprises françaises est encore largement insuffisante. Les pays comme la France qui marquent le pas dans l'effort de formation vont devoir rapidement porter leurs investissements au niveau des enjeux qui se dessinent. Un rapport de la Commission européenne[37] tire la sonnette d'alarme sur le contexte de sous-investissement et de charges trop lourdes qui pèsent sur la productivité européenne (+1,5 % entre 1995 et 2001) comparée à celle des États-Unis (2 à 2,5 % par an sur la même période). Les investissements dans les technologies de l'information et leur diffusion dans l'ensemble de l'économie y seraient inférieurs (5,6 % du PIB européen contre 8,1 % aux États-Unis). La France apparaît dans le peloton de queue européen avec une mauvaise position

---

37. Rapport sur la productivité, Commission européenne, Mai 2002.

L'économie fonctionne encore sur le mode taylorien qui veut que le travail soit indifférencié et interchangeable, et qui s'accommode d'une situation où chacun est « dans » ou « hors » du système, mais rarement « en devenir ».

concurrentielle des entreprises innovantes. Or, nous savons combien les investissements, y compris dans les compétences, sont cruciaux dans ces secteurs d'activité. Comme pour apporter un point d'orgue à ce mauvais classement, le gouvernement de Lionel Jospin a fait disparaître dans la Loi de Finances 2001 le dispositif fiscal incitatif en faveur de l'effort de formation des entreprises en le limitant aux TPE (Très Petites Entreprises de moins de 7,6 millions d'€).

De nouvelles approches voient le jour. Les modes de formation devraient connaître de profonds changements pour répondre aux nouveaux besoins des entreprises. Avant de prendre des fonctions ministérielles, Francis Mer, ancien patron d'Usinor et coprésident du conseil d'administration d'Arcelor, a souvent rappelé que le défi des entreprises, mais aussi de la société, est de réussir à mettre en place une formation tout au long de la vie professionnelle. Dans un monde économique qui fera plus appel au sens de la responsabilité et de l'initiative individuelles, la formation occupe une place cruciale pour assurer l'employabilité.

La performance, ce n'est pas uniquement celle de l'usine ou de l'équipe, c'est aussi une somme de performances individuelles[38] qu'il faut soigneusement entretenir. Et pour les entretenir, il faut pouvoir former en continu et sur le lieu de travail. Les nouveaux outils de la formation deviennent certes plus collectifs avec le développement des techniques de *e-Learning*, mais aussi plus « situationnels » pour que chacun adapte la formation reçue à sa situation, à son environnement de travail immédiat, mais aussi à son potentiel de progrès. L'enjeu de l'entreprise apprenante[39] est réel pour offrir des plans et des parcours de développement pro-

---

38. « Le capitalisme en question », *Enjeux Les Echos*, Avril 2002.
39. Daniel Belet, *Devenir une vraie entreprise apprenante*, Éditions d'Organisation, 2003.

© Éditions d'organisation

fessionnels personnalisés en compléments des approches collectives classiques de la formation.

Sur le plan des outils de gestion des entreprises, les outils de la gestion des performances, connus sous le nom de *business intelligence*, vont rejoindre par des systèmes d'information de plus en plus performants, la gestion dynamique des compétences et des ressources humaines : les directions générales disposent désormais de moyens pour identifier des domaines précis de performance individuelle en liaison avec la performance globale de l'entreprise ; cela autorise une action aboutissant à une appropriation individuelle de la stratégie d'ensemble de l'entreprise qui passe par une reconnaissance plus grande du rôle de chacun. La gestion de la performance est souvent également appelée gestion par la valeur en raison des aspects financiers de son apport. En fait, la vraie valeur découle ici de la réconciliation des aspects individuels et collectifs de la gestion des entreprises. Le vieux rêve qui consiste à aligner, à tous les niveaux de l'entreprise, les moyens humains, technologiques et financiers pour créer plus de valeur semble enfin à portée de main. Les entreprises n'ont plus d'excuses pour mettre en pratique ce qu'elles annoncent depuis des années sur le plan humain.

En convenant que leur performance repose désormais sur le potentiel créatif de leurs collaborateurs, en se donnant les moyens de l'identifier, de le reconnaître, et de lui donner une chance de s'exprimer, les dirigeants décupleront le potentiel de toute l'entreprise. Dans les périodes de croissance, le concours de cette force créative portera l'expansion ; dans les périodes d'adversité, la mobilisation de ce potentiel favorisera la cohésion et la résilience de l'entreprise.

L'exemple de l'une des entreprises phares du secteur des télécommunication qui a pris de plein fouet le retournement des marchés, éclaire cet aspect de la cohésion et de la résilience collective. En plus de deux ans, Alcatel l'équipementier de téléphonie sera passé de 113 000 à 60 000 salariés créant une crise permanente dans l'entreprise. Dans un tel climat, il est compréhensible que le doute se soit rapidement installé dans les têtes. Des cadres qui ont survécu aux vagues de licenciements confient leur perplexité[40] et l'un d'entre eux livre son sentiment : « *le Président est persuadé que l'on est gonflé à bloc et qu'on le suit tous. C'est vrai pour 50 % d'entre nous. Les autres songent sérieusement à partir ! »*.

Multiplier les possibles

Dans un monde économique où le rythme des changements s'accélère, les dirigeants d'entreprises doivent pouvoir compter sur une mobilisation constante de leurs équipes. Les périls qui peuvent frapper à tout moment l'entreprise représentent pour leurs dirigeants l'épreuve du feu de la qualité des relations humaines qu'ils auront su nouer avec leurs collaborateurs. C'est au pied du mur que les énergies résilientes s'activeront… ou ne s'activeront pas !

La résilience n'est pas une caractéristique stable et immuable au fil des ans, mais plutôt une capacité qui se construit dans un processus continu d'interactions entre les individus et leur environnement.

---

40. « Comment y croire quand les effectifs chutent de moitié ? », *Enjeux Les Echos*, Janvier 2003.

« *La vie ne peut naître que de la vie* » affirme Jacques Dufresne[41] qui illustre son propos par le retour à la vie du tardigrade desséché[42] sous le simple effet d'une goutte d'eau. Quel est l'équivalent de cette nouvelle source de vie pour les êtres humains et pour les organisations « desséchés » ?

Un individu ou une entreprise, dont les initiatives sont étouffées, ne retrouveront leur vigueur qu'au contact d'un milieu économique vivant, c'est-à-dire qui acceptera de porter une attention à leurs propositions. Les travaux sur la résilience montrent qu'elle ne s'enclenche que lorsqu'un système vivant, quel qu'il soit, est mis en contact avec des sources de vie. Ce principe de *capillarité* s'applique à la vie économique et professionnelle des individus et de leurs entreprises. Pour des personnes à la recherche d'un nouvel emploi, la meilleure reconnaissance est celle apportée par le marché du travail. Dans le cas d'un créateur d'entreprise, les premières commandes jouent un rôle similaire. Interrogeant Christian, un chômeur de longue durée, sur le projet professionnel qu'il a élaboré avec l'aide de l'ANPE, celui-ci a insisté sur un point qui semble essentiel à ses yeux : « *Quand la responsable m'a dit que mon idée d'entreprise était excellente, je lui ai répondu que sa conviction était importante, mais largement insuffisante. Certes, elle était intéressée par mon projet, m'apportait un soutien, mais je lui ai montré que si elle devenait*

---

41. Encyclopédie de l'Agora, 2002.
42. Le tardigrade est un animal suréquipé pour résister à tout. Il ne dépasse pas 2 mm et sa classification pose des problèmes aux biologistes. Quand il rencontre des conditions très défavorables à la vie, il parvient à se momifier (il est alors en cryptobiose) pendant un temps infini. Une goutte d'eau permet sa réhydratation et son retour à la vie. Le tardigrade survit à des conditions extrêmes sans subir de dégradation. Ainsi, il résiste à une pression de 600 mégapascals, soit six fois la pression à une profondeur de -10 000 mètres, alors qu'à partir d'une pression de 30 mégapascals, les membranes cellulaires, les protéines et l'ADN subissent des dommages irréversibles.

ma première cliente, alors j'aurais vraiment gagné ! ». En enclenchant cette première commande, puis en convaincant son entourage immédiat, Christian a réussi à lancer un nouveau service numérique aux particuliers, qui lui a ensuite permis de convaincre un ami de financer les achats d'équipements complémentaires et développer ainsi sa nouvelle activité.

Quel rôle occupe le marché du travail, mais aussi le marché en général dans les mécanismes de résilience économique ? Le marché n'offre-t-il pas l'une des meilleures formes de promesse accessible aux acteurs économiques pour encourager leur résilience ?

S'appuyer sur la reconnaissance du marché

L'idée de développer l'insertion par l'économique fait son chemin. Des initiatives permettent à des personnes éloignées d'une activité économique de se réinsérer en participant à une occupation marchande. Dès 1992, le CJD (Centre des Jeunes Dirigeants) a jeté les bases d'une collaboration entre les entreprises et les institutions sociales pour offrir des moyens d'insertion par l'économique. L'enseigne Darty a été la première grande entreprise à s'investir dans les entreprises d'insertion ENVIE. D'abord à Strasbourg en collaboration avec Emmaüs, puis à Rennes et dans la région parisienne où une plateforme de récupération de 760 000 € a été lancée. La récupération d'appareils électroménagers se fait auprès des grandes chaînes de distribution ; une formation et des emplois sont proposés à des chômeurs qui sont ainsi en prise directe avec toutes les fonctions d'une véritable entreprise dont les ressources sont tirées de la revente du matériel remis en état.

Depuis, des entreprises comme Thomson, Auchan et Casino ont lancé des projets similaires. Dans le cas de Casino, un projet consiste à proposer un emplacement d'information pour développer une offre d'emplois de services aux clients de la chaîne de distribution.

Des outils adaptés commencent à exister pour favoriser l'insertion par l'économique, mais ils sont encore trop limités. Il s'agit de crédits bancaires, de boutiques de gestion et d'entités de conseil aux créateurs de micro-activités qui pourront devenir des entreprises prospères.

L'Association pour le Droit à l'Initiative Économique (ADIE) apporte son appui à la création d'entreprise par l'obtention de crédits bancaires qui seraient habituellement refusés. Cette action montre que des micro-activités ont pu naître et se développer grâce au coup de pouce que représentent une garantie bancaire, des avances remboursables, même de petits montants. De nombreux exemples montrent combien l'accompagnement au montage du projet et le soutien à l'obtention des moyens minimaux de lancement se sont traduits par de véritables succès. Après trois ans d'activité, un ancien Rmiste ayant démarré une entreprise de soirées événementielles avec 4 500 € emploie trois salariés et réussit à obtenir un prêt de plus de 76 000 € du Crédit Mutuel pour financer sa croissance. Il arrive que le projet échoue, mais qu'il débouche sur la création d'un emploi comme dans le cas de cette jeune femme qui n'est pas parvenue à imposer son activité de promenade à cheval, mais qui sera recrutée par un grand hôtel pour réaliser un manège équestre destiné aux clients[43].

---

43. R., Alkine, « L'insertion par l'économique : beaucoup de chemin reste à faire ! », JobPratique Magazine, 2001.

La greffe économique pour reprendre une vie de travail

L'exposition des personnes qui sont exclues des circuits traditionnels, à la vie économique dans une démarche positive et active représente certainement l'une des meilleures voies de réinsertion. Cette greffe économique constitue une vraie chance de reprendre une vie de travail.

Pourtant, les conditions de sa mise en place ne sont pas évidentes, notamment en raison des aménagements du système qu'elles exigent. Quand Pascal Bruckner[44] appelle à remettre en question l'économie comme dernière spiritualité du monde contemporain, il soutient que ce n'est pas du capitalisme qu'il faut sortir, mais de l'économisme. La religion du marché constitue un terrain d'affrontement idéologique aux partisans et adversaires du système, mais ne règle en rien ce qui relève ou non du jeu des marchés. Des visions extrêmes s'opposent, avec pour les uns l'idée dominante que toutes les activités humaines ne relèvent que de la sphère marchande et pour les autres le sentiment opposé. Cette polarisation des points de vue ne traduit pas la réalité des choses. En fait, la réalité économique doit être perçue dans une perspective dynamique : selon les époques et les conditions économiques, la frontière entre le marchand et le non-marchand évolue. Vouloir rigidifier, une fois pour toute, cette frontière amène tout simplement à des blocages. L'expérience des entreprises d'insertion montre tout l'intérêt de décloisonner les logiques sociales et économiques en n'hésitant pas à imbriquer les deux quand la situation l'exige.

---

44. Pascal Bruckner, *Misère de la prospérité : la religion marchande et ses ennemis, op. cit.*

Au début des années 90, un prêtre de Lyon a imaginé la création d'un fonds commun de placement social permettant d'acheter puis de louer des appartements aux personnes exclues du marché du logement. Cette expérience originale a fonctionné avec une meilleure stabilité des locataires que dans la sphère marchande, et surtout un taux de défaut de paiement bien inférieur à celui du marché.

Cette évolution des idées en faveur d'une approche moins idéologique et plus pragmatique de la frontière entre les activités marchandes et non-marchandes est perceptible dans d'autres aspects de la vie économique. Depuis des années, le gouvernement du Japon fait figure de contre-exemple en campant sur le principe de non-intervention dans le règlement des mauvaises créances accumulées dans les comptes des banques japonaises. Cette attitude rigide a sérieusement compromis toutes les initiatives de relance économique de ce pays. Cette situation a fait dire à Alan Greenspan[45], le patron pourtant libéral de la FED, que le degré d'intervention des banques centrales comme la FED devait être plus souple et pragmatique : « *le rôle de la FED et des banques centrales est d'assumer le rôle de "prêteurs en dernier ressort" pour offrir à la sphère marchande une assurance contre un risque de catastrophe financière majeure qui conduirait à une cascade de défauts bancaires pouvant s'étendre à tout le système financier* ». Alan Greenspan admet l'existence, au sein du système capitaliste, de différentes configurations d'exposition au risque économique : « *Certains arbitreront entre la croissance (et l'instabilité qui l'accompagne) et un mode de vie moins risqué et stressant, mais avec un niveau de vie plus bas* ». Il n'y aurait plus un capitalisme, mais des capitalismes en fonction du niveau d'exposition au marché que chaque société se choisirait : « *Pour ceux qui soutiennent un capitalisme fondé sur une*

---

45. *The Washington Post*, 21 novembre 2002.

concurrence sans entraves, les niveaux de vie seront plus élevés avec une existence sociale plus tendue, mais plus riche. La résistance à cette configuration masque en réalité une aversion à la détresse qui accompagne le mécanisme de destruction créative lorsque les entreprises échouent et que leurs employés se trouvent momentanément sans emplois ». Cette ouverture indique que le curseur du risque lié à un fonctionnement plus ou moins délié des marchés n'est pas fixe et encore moins unique. Une approche plus pragmatique s'impose en fonction des circonstances.

Toutefois, cette approche a ses limites. Il est en effet difficile d'assurer à la fois le jeu du marché et un niveau de risque zéro. S'exposer à la sanction du marché est un risque, mais aussi une chance. Pour les personnes en recherche d'emploi, l'espoir de créer une micro-activité représente, s'il se concrétise, une réelle chance de réinsertion économique. Tous les aménagements du système qui permettent cette matérialisation doivent être imaginés et proposés à la condition qu'ils demeurent transitoires pour ne pas installer une protection déresponsabilisante.

Le danger qui menace nos sociétés est de voir la montée de l'incertitude économique se traduire par un repli sur soi généralisé. Il est symptomatique de constater que 40 % des élèves de 1re disent vouloir travailler en entreprise, mais que 30 % choisissent un métier de la fonction publique[46]. En favorisant une exposition plus large au marché pour réussir la greffe que représente l'insertion par l'économique, on peut contribuer à transformer les comportements.
À une société inquiète et figée, peut se substituer une société de l'opportunité, plus ouverte aux chances de renouveau économique.

---

46. Sondage AJE auprès de 3000 lycéens en 2002, *L'Express*, 6 février 2003.

*S'exposer à la sanction du marché est
un risque, mais aussi une chance.
Pour les personnes en recherche d'emploi,
l'espoir de créer une micro-activité représente,
s'il se concrétise,
une réelle chance de réinsertion économique.
Tous les aménagements du système
qui permettent cette matérialisation
doivent être imaginés et proposés à la condition
qu'ils demeurent transitoires
pour ne pas installer une protection
déresponsabilisante.*

Encourager l'imaginaire, et non les illusions

L'économie de marché et la résilience offrent un point commun. Leur fonctionnement dépend pour une large part de l'imaginaire des individus à envisager un futur meilleur en comparaison des difficultés présentes qu'ils traversent. Leur salut commun repose sur la capacité à saisir l'occasion de concrétiser cet imaginaire. Dans le cas de l'entrepreneur, le goût de créer, puis d'obtenir du marché la reconnaissance matérielle de ses idées, participe à sa réalisation personnelle.

Le cas de jeunes créateurs de vêtements qui développent de nouvelles marques dans les cités éclaire ce point. En cinq ans, les fondateurs de Bullrot ont acquis un véritable statut de professionnels en réalisant un chiffre d'affaires de 20 millions d'€. La marque est diffusée dans 800 boutiques en France et en Europe et emploie vingt salariés. Les premières ventes ont été décisives pour concrétiser leur espoir de percer : la famille, l'entourage, les copains, des rappeurs en vogue ont tous contribué au travail de reconnaissance des créations. En 1997, le créateur de la marque « De la balle » se rappelle qu'il a commencé l'aventure avec un carton de polos et tee-shirts vendus entre deux barres d'immeubles : « *en une demi-heure, ils avaient tout acheté !* »[47].

Un élément essentiel entretient l'espoir économique, c'est celui de l'accès aux financements et au crédit. Lorsque dans les années 70, les autorités américaines cherchaient des mesures pour encourager la réinsertion économique et sociale des ghettos noirs, une des premières mesures adoptée a été de demander aux banques de distribuer du crédit. Comme les grandes banques hésitaient, la

---

47. *Le Monde*, 18 février 2003.

© Éditions d'organisation

menace de suspendre leur homologation nationale les a engagés à ouvrir des guichets, former du personnel, écouter les projets, puis financer la création de commerce et d'activités. La mise à disposition de moyens financiers permettant de concrétiser le désir de participer activement à la création d'une activité économique a eu des résultats impressionnants.

Il arrive que l'espoir que l'on façonne dans le marché soit déçu, non pas en raison de faits objectifs, mais des illusions qu'il a pu faire naître. L'exemple le plus récent est celui de l'engouement en faveur des « start-ups » qui a véhiculé l'idée de gains rapides, mirobolants et surtout sans risques majeurs. Au cours des années 80, le renouveau de l'image de l'entreprise avait été porté par *« l'effet Tapie »*[48] avec une représentation caricaturale de l'entreprise. À chaque fois que s'est développée la croyance dans la facilité ou l'argent facile, de nombreuses années ont été ensuite nécessaires pour renouer les Français avec l'entreprise et pour que le potentiel que représente le marché redevienne à leurs yeux une valeur positive. Ce sera certainement un signe de maturité de pouvoir un jour reconnaître le marché pour ce qu'il est sans tomber dans la tentation de le diaboliser, ou de le déifier à outrance.

Si l'on veut bien voir dans le marché un moyen de réaliser les possibles économiques et professionnels que l'on se donne, il devient le lieu de reconnaissance objectif des compétences et de la valeur des idées. Il met chacun en situation de risque et d'incertitude lors de la confrontation avec la réalité que la démarche impose. En revanche, cette exposition personnelle est stimulante et renforce le sentiment de prendre en main son avenir. Dans un contexte économique où les hommes doivent d'abord compter sur leurs propres

---

48. Selon l'expression de Bernard Cathelat, CCA.

forces, on redécouvre que la prise de risque participe à la construction de soi-même. Le concept d'employabilité traduit cette idée : dans un monde instable, le seul élément solide demeure la confiance en soi, dans ses qualités et ses compétences. Au cours de l'année 2002, les 218 000 intérimaires qui ont repris ou créé une entreprise montrent que l'on peut construire sa vie professionnelle sans l'assurance d'une carrière standardisée, ni la sécurité d'un contrat à durée indéterminée, mais avec un capital confiance élevé.

Le bien-être économique et professionnel passe par le courage d'accepter et de rechercher cette confrontation avec le risque : celui de se questionner sur ses compétences, de se former, de formaliser de nouveaux projets, de prendre des initiatives et d'avoir le courage de changer, y compris de métier. Pour retrouver le goût de créer, il devient indispensable de combattre cette aversion au risque qui paralyse l'action. La peur de voir l'acquis remis en question masque la réalité qu'aucune situation économique n'est acquise pour toujours.

Se prémunir contre l'incertitude économique comporte des limites, comme le rappellent les tentatives d'accord sur le prix du café. Alors que le Brésil souhaitait un prix plancher lui garantissant des ressources minimales quand le prix de vente était inférieur au prix mondial, ce pays ne parvenait pas à se résoudre à accepter le prix plafond demandé par les pays consommateurs en cas de fortes poussées de ce prix mondial. Une organisation trop marquée du jeu des marchés altère leur fonctionnement et entretient une illusion économique.

Tout attendre du jeu des marchés, y compris leur auto-régulation ne semble pas plus souhaitable. Anton Brender a dénoncé vingt ans d'intégrisme libéral qui a entretenu une illusion complète sur cette capacité des marchés : le « *Laissez faire les marchés, ils prendront tout en charge »*[49] a été trompeur car les marchés ne savent pas prévoir : *« le nez sur le guidon ils se contentent d'extrapoler les courbes. Ça ne suffit pas ! Le capitalisme est un moteur – le plus efficient sans doute que l'on ait jamais inventé pour la création de richesses – mais pour que le véhicule avance, quelqu'un doit s'installer au volant ».* Sur ce point, et après l'affaire Enron, il est intéressant de noter que les autorités de régulation se placent en situation d'arbitrage constant entre, d'une part les bénéfices tirés d'un fonctionnement libre des marchés, et d'autre part, le coût social d'une concurrence trop exacerbée. L'heure est bien au pragmatisme.

La difficulté de se confronter au risque du marché tient également au fait que la moindre adversité économique nous est de plus en plus intolérable. La croyance dans la capacité de l'économique à tout résoudre et tout prendre en charge transforme chaque obstacle en drame : la moindre frustration devient un camouflet[50]. Il est tentant de rechercher les responsabilités de ses malheurs économiques dans l'injustice du système, du capitalisme ou de la mondialisation qui servent de boucs émissaires commodes. Le refus de l'économie de marché fait attendre une solution, une réponse et en général une protection de l'État. Accepter la modernité, c'est au contraire accepter la sanction du marché qui crée un brassage fait d'ascensions, de déclins, de rebonds, dont certains sortent vainqueurs et d'autres vaincus. La vulnérabilité et le risque sont inhérents au système ; ils permettent aussi sa reconstruction permanente avec le déploiement de nouveaux possibles et la saisie de nouvelles chances. Alors qu'une protection excessive est peu propice à l'animation de la résilience, une exposition trop forte à de nouveaux risques peut ruiner toutes tentatives de redressement. La résilience demande un

---

49. Anton Brender, « Le capitalisme comment le réformer ? », *L'Express*, 10 octobre 2002. Auteur de *Face aux marchés, la politique* (Éditions La Découverte).
50. Pascal Bruckner, *op. cit.*

© Éditions d'organisation

environnement qui permette la prise de nouveaux risques, mais dans un cadre offrant moins une protection qu'un appui stimulant pour se reconstruire en cas de grande difficulté.

Si le tracé de la frontière entre les activités humaines marchandes et non-marchandes tend à être plus souple, moins idéologique et plus pragmatique, il faut s'interroger sur la manière de redonner aux agents économiques le rôle d'acteur responsable, et non plus de « *hamsters laborieux* »[51]. L'insertion par l'économique ne vise que cet objectif. Pour ceux que la vie économique a écartés, le renouveau passe par la possibilité de faire reconnaître leurs capacités dans une activité marchande. Cette greffe demande des aménagements pour faciliter une exposition progressive aux réalités du marché. Dans ce domaine, les tentatives restent encore trop timides en comparaison des enjeux humains et économiques.

Pourtant, une lueur d'espoir apparaît avec le passage d'une économie de marché où l'enrichissement général était fondé sur des comportements humains répétitifs privilégiant le volume et la masse, vers une économie de marché où le comportement de chaque individu compte plus, et surtout s'exprime mieux.

Un marché du travail plus souple, lieu de reconnaissance des possibles

Les appels en faveur d'une plus grande flexibilité du marché du travail ont souvent été perçus comme un avantage donné aux employeurs pour ajuster plus librement leurs effectifs à leur niveau d'activité. Cet aspect est certainement vrai, mais il faut aussi regarder ce que peut offrir un marché du travail plus ouvert aux demandeurs

---

51. *ibid.*

À chaque fois que s'est développée la croyance
dans la facilité ou l'argent facile,
de nombreuses années ont été ensuite nécessaires
pour renouer les Français avec l'entreprise
et pour que le potentiel que représente le marché
redevienne à leurs yeux une valeur positive.
Ce sera certainement un signe de maturité
de pouvoir un jour reconnaître le marché pour
ce qu'il est sans tomber dans la tentation
de le diaboliser, ou de le déifier à outrance.

d'emplois. Pour prendre un exemple, il est significatif de voir que de plus en plus de jeunes non-qualifiés décrochent leur premier emploi par le biais de l'intérim. Une étude du Cereq (Centre d'Études et de Recherche sur les Qualifications), indique que 21 % des jeunes sortis du système éducatif en 1998, et interrogés trois ans plus tard, ont obtenu leur premier emploi grâce à l'intérim. Ils n'étaient que 12 % en 1992. Le travail temporaire sert d'autant plus de porte d'entrée vers le marché du travail que le niveau de qualification est faible. Ainsi, 29 % des non-diplômés débutent par l'intérim contre seulement 4 % des jeunes ingénieurs. La proportion d'intérimaires décline par la suite, elle n'est plus que de 9 % après trois ans d'expérience professionnelle[52]. Parmi les nouvelles formes de salariat qui se développent, le portage salarial progresse bien. Cette formule conjugue l'autonomie de travailleurs indépendants et la sécurité du salariat. Les femmes et les jeunes sont très attirés par le portage qui représente également une passerelle vers la création d'entreprise puisqu'un employé sur cinq franchit le pas pour devenir son propre patron.

Le XXe siècle a été marqué par l'instauration du salariat. En un siècle, le nombre de travailleurs indépendants est passé de 40 à 11 % de la population active. L'économie en réseau, dont Peter Drucker montre qu'elle changera la configuration de l'entreprise, devrait selon lui à nouveau inverser cette tendance. Les faits tendent à lui donner raison, comme l'indique un patron du travail temporaire : « *Les grandes entreprises industrielles ne garantissent plus l'emploi à vie et la grande entreprise est devenue un être périssable. Du coup, on ne peut compter sur personne, si ce n'est que sur soi-même* »[53]. Ce

---

52. *Enjeux Les Echos*, Avril 2002.
53. Frédéric Tiberghien, PDG de VediorBis, in *Enjeux*, « Le capitalisme en question », Avril 2002.

mouvement exige un marché du travail plus fluide pour permettre à chacun de multiplier les occasions de valoriser son expérience et ses compétences. Les nouvelles technologies devraient participer à un élargissement de l'offre et de la demande de travail (comme c'est le cas de nombreux sites Internet d'emplois) avec l'apparition de places de marché virtuelles. Dans une perspective de tension sur l'offre, le rapport de force ne devrait pas se faire au détriment des salariés. Un ajustement plus souple de l'offre et de la demande de compétences ne signifie pas pour autant la disparition de règles du jeu, des protections sociales, du contrat de travail ou du respect des conventions collectives. En donnant quelques degrés de liberté supplémentaires au marché du travail, on devrait favoriser l'émergence de nouvelles formes d'emplois qui représentent de vraies solutions pour les employés et pour les employeurs.

La rigidité du marché du travail étouffe ces solutions et favorise une société composée de personnes travaillant trop, tandis que d'autres sont exclues du monde du travail. Ce fonctionnement du marché du travail a vécu et devient antiéconomique. L'idée du partage du travail est intéressante, mais a été dévoyée par l'instauration d'un mécanisme obligatoire qui n'a pas permis à plus d'individus de travailler moins longtemps ou de travailler différemment au bénéfice de nouveaux salariés. En revanche, de nouvelles formes d'emplois élargissent l'accès au travail d'un plus grand nombre et principalement d'une quantité de personnes qui en étaient jusque-là écartées.

Soutenir sans affaiblir la stimulation

Lorsque la représentation dans l'avenir est négative, les dispositifs de soutien n'ont aucune chance de jouer un rôle incitateur. En pleine campagne électorale, le Président Jacques Chirac avait été frappé par la requête d'une mère de famille qui demandait pour son fils sans emploi : « *Pouvez-vous faire quelque chose au sujet du chômage de mon fils ?* », ce à quoi le Président candidat avait répondu : « *J'espère que vous voulez parler de son emploi !* ». Tout le paradoxe du dispositif de soutien aux personnes sans emploi est résumé dans ce malentendu. Le danger d'une protection installée fait l'objet de nombreux débats, il est cependant clair que si le risque de perdre l'avantage de la protection dépasse le risque de reprendre une activité, le dispositif de soutien ne stimule aucune initiative. Le mécanisme d'aide n'est plus du tout perçu comme un coup de pouce salutaire, mais comme la béquille dont on ne peut plus se passer.

Cette représentation négative conduit au repli sur soi et au pessimisme. La déprime collective qui a marqué les Français entre 1993 et 1997 témoigne de cette impasse dans laquelle ils se sont placés. La crainte, exprimée notamment dans les grèves de 1995, de la remise en question des protections sociales a plombé les initiatives[54] et retardé la sortie de la récession du début des années 90. La détermination à « panser les plaies sociales » pèse sur les dépenses publiques et la compétitivité, mais surtout n'incite pas à la résilience économique. Combien entendons-nous de témoignages d'employeurs découvrant que les salaires qu'ils peuvent proposer sont insuffisants à battre les aides sociales accordées aux chômeurs. La crainte de perdre l'acquis d'avantages sociaux pour gagner un emploi aléatoire ne pousse pas à l'effort. Même les praticiens de la résilience s'inquiètent du danger de dépendance[55] vis-à-vis d'aides sociales trop confortables et installées. L'idée n'est pas de supprimer les aides, mais de veiller à leur conserver un caractère stimulant.

---

54. Alain Minc, *www.capitalisme.fr*, Grasset, 2000.
55. Stefan Vanistendael, Jacques Lecomte, *Le bonheur est toujours possible, op. cit.*

Les mécanismes de soutien sont les bienvenus quand ils stimulent la résilience, pas quand ils déresponsabilisent. Trouver cet équilibre devient urgent, comme l'exprime un grand patron : « *Les opinions européennes doivent comprendre et accepter l'idée qu'efficacité signifie changement et mobilité. Trop d'exigence en matière de sécurité nous conduirait au déclin. À nous de trouver la bonne adéquation entre efficacité et sécurité* »[56]. Le système a besoin d'une bouffée d'oxygène pour se renouveler et surtout pour offrir à ceux qu'il rejette une chance de rebondir. Dès qu'un environnement favorable à la mobilisation des ressources personnelles est créé, il est rare que les personnes privées d'emploi ne saisissent pas l'occasion de reprendre une activité. Les expériences, bien que limitées de l'insertion par l'économique, attestent de cette inversion toujours possible des comportements. En donnant une chance de s'insérer à nouveau dans le jeu économique, on contribue à animer des qualités latentes qui cherchent à être reconnues. L'avantage de cette démarche active est aussi de pouvoir mettre chacun face à ses responsabilités pour décider d'acquérir les compétences qui lui font défaut.

Les plans de reconversion, comme celui des anciens salariés de Moulinex, montrent que la démarche est encore loin de donner des résultats satisfaisants. Un an après la disparition de Moulinex, seulement 14 % des 3 500 anciens salariés avaient retrouvé un emploi. Il semble aussi que le niveau moyen d'employabilité ait représenté un handicap certain. Il apparaît que les filières où les salariés devraient se préparer, comme chez Moulinex, à changer de métier sont paradoxalement celles qui offrent le moins de formation. La reconversion de personnels sans qualification et proches de la cinquantaine explique le bilan encore mince des cellules de reclassement. Un niveau d'employabilité

---

56. Bertrand Collomb, PDG de Lafarge, « Le capitalisme en question », *Enjeux*, Avril 2002.

217

trop bas n'est pas toujours rattrapable. Signe positif, les ex-Moulinex ont créé au total vingt-deux entreprises nouvelles.

Un marché du travail plus ouvert et efficient pourrait se caractériser par sa capacité à multiplier les occasions et les formes d'emplois permettant d'optimiser les compétences de chacun. La contrepartie est que le niveau individuel d'employabilité soit entretenu et reconnu. L'entretien des compétences repose sur la formation qui doit être stimulée comme le rappelle un dirigeant d'entreprise : « *La meilleure protection à offrir aux travailleurs réside dans la formation tout au long de la vie* »[57]. L'employabilité signifie aussi que les compétences acquises soient reconnues. Sur ce plan, il paraît impératif de stimuler cette reconnaissance par une exposition régulière aux réalités économiques. La mise en situation professionnelle, par exemple dans des entreprises d'insertion, prend ici tout son sens.

Des pistes sont recherchées pour élargir cette approche et concevoir un système social qui offre les protections nécessaires, tout en stimulant le retour à la vie économique.

Ces réflexions doivent s'inscrire dans la nouvelle donne du marché de l'emploi. Du côté des demandeurs d'emplois, aux cours des vingt dernières années, une plus grande flexibilité s'est imposée au prix fort avec un triplement des emplois dits précaires. Du côté des employeurs privés et publics, les évolutions démographiques devraient créer une émulation pour réussir à fidéliser, à former et motiver des employés plus aptes à saisir une mobilité à laquelle ils ont été habitués malgré eux. Ce nouvel enjeu[58] peut être la

---

57. Frédéric Tiberghien, idem.
58. Jean-Marc Le Gall, « Deux leviers pour une modernisation sociale équitable », *Le Monde*, 4 juin 2002.

base d'un nouveau contrat entre les entreprises et leurs collaborateurs salariés et non-salariés.

Cette perspective émerge également des diagnostics et recommandations issus des rapports Boissonnat et Supiot qui évoquent la nécessité de garantir la continuité d'une trajectoire plutôt que la stabilité des emplois. Il s'agit de pouvoir conjuguer la flexibilité économique, la continuité du contrat de travail et les aléas des entreprises. Cette garantie aspire à devenir un volet majeur du nouveau contrat implicite qui renouera la confiance entre les entreprises et tous ceux qu'elles font travailler. Son fondement repose sur un investissement réciproque :

- l'engagement du collaborateur à s'investir pleinement dans l'entreprise ;
- l'engagement de l'entreprise à investir dans ces compétences transférables pour lui garantir le plus haut niveau « d'employabilité » et donc de mobilité.

La compétence transférable se définit comme étant le potentiel de reconnaissance de chaque individu sur le marché du travail. Un acteur neutre, le marché, apprécie de la manière la plus objective la qualité des compétences acquises permettant de concilier la diversification des parcours individuels avec l'assurance d'être paré à affronter une plus grande mobilité dans et hors de l'entreprise.

Développer la perception des potentiels

Pour raviver les braises de résilience des personnes qui sont temporairement ou plus durablement écartées d'une activité économique, il faut souffler dessus à bon escient. Cela signifie qu'il faut comprendre le processus progressif qui se met en place dans les entreprises et l'économie qui va du sentiment d'être écarté à l'impossibilité de retrouver un emploi rémunéré. Le mécanisme de disqualification s'amorce avec le déclin de l'adhésion, la chute de l'implication, l'installation d'un mal-être, et débouche sur la démission et la perte d'emploi. Retirer, même progressivement, à certains la possibilité de mener une activité rémunérée revient à leur nier l'existence. Cette activité demeure la clé de leur autonomie, parce qu'elle participe à leur identité. Une récente enquête valide cette place qu'occupe le travail[59] puisque pour 25 % des 6 000 personnes interrogées, il représente une condition essentielle du bonheur et que 98 % s'y réfèrent positivement. Le travail n'est pas une valeur en déclin, mais contradictoire : le travail rend certains heureux, d'autres malheureux, mais tous expriment une souffrance. Cette vaste enquête met le doigt sur un aspect crucial du mal-être au travail et qui porte plutôt sur le déficit de reconnaissance que sur la rémunération[60].

Combattre ce défaut de reconnaissance devient un réel défi dans des organisations où le regard que l'on porte sur le potentiel des individus est encore largement déficient. Pire, les salariés qui subissent de plein fouet les aléas de l'entreprise ont le sentiment que l'attention portée aux potentiels de l'entreprise ne concerne que l'élite (selon un sondage Sofres, 93 % considèrent que les grandes entreprises sont surtout attentives aux intérêts particuliers de leurs dirigeants ; la satisfaction des salariés est évoquée par moins de 20 % des salariés interrogés).

---

59. Christian Baudelot, Michel Gollac, *Travailler pour être heureux ? Le bonheur et le travail en France*, Fayard, 2003.
60. « L'individu reste coincé dans la souffrance », propos recueillis par Nicolas Weill, *Le Monde*, 11 février 2003.

© Éditions d'organisation

*Une individualisation plus marquée
du travail comporte le risque de fragiliser
l'individu si une attention permanente
n'est pas portée à son activité et à lui-même.*

Pourtant, on aurait pu penser qu'un management faisant plus appel aux réseaux personnels dans des entreprises, où les équipes se font et se défont au rythme des projets, favoriserait une meilleure perception et surtout une meilleure reconnaissance du potentiel de chacun. En fait, une individualisation plus marquée du travail comporte le risque de fragiliser l'individu si une attention permanente n'est pas portée à son activité et à lui-même. Un sentiment d'isolement accentue cette perception en raison de l'investissement personnel important qui lui est demandé, mais sans qu'il bénéficie d'un retour clair d'information. Le travail fait appel à chacun comme une personne à part entière qui voit son autonomie croître et ses tâches s'intensifier. Au sein de l'entreprise, l'individu est placé en situation d'assumer son propre destin[61]. Cette responsabilité est une source d'angoisse et de souffrance quand il manque de repères, mais aussi quand il manque par exemple de compétences sans pouvoir l'exprimer. Chacun est ainsi renvoyé à ses propres difficultés et au jugement, par lui et par les autres, de ce qu'elles révèlent ses propres limites personnelles[62]. Ceux qui peinent sont confrontés à leur souffrance d'être une « personne limitée » et donc plus fragile. Dans l'entreprise, l'écoute de cette souffrance doit être décelée, faute de quoi en période conjoncturelle élevée, le « *turnover* » risque de croître dangereusement. En période de ralentissement économique, l'individu « *restant coincé dans sa souffrance* » voit sa mobilisation décliner.

Dans de grandes entreprises, le management exerce une évaluation permanente du potentiel et des compétences (certaines entreprises identifient des groupes de collaborateurs dits à fort potentiel). Interrogé à l'occasion d'une grande enquête sur le capitalisme

---

61. *ibid.*
62. Éric Maurin, *L'Égalité des possibles*, Seuil, in *Le Monde*, 28 avril 2002.

en question, le patron de Renault, Louis Schweitzer, indique que l'intensification de la concurrence par une exigence accrue des clients fait qu'il ne suffit pas d'être aussi bons que les autres, il faut être irremplaçable[63]. La capacité d'innovation de l'entreprise repose sur la créativité de ses collaborateurs qu'il faut aider à s'épanouir et s'exprimer. Cela demande : *« de ménager des espaces de liberté où s'exprime un certain désordre créatif. Le jeu managérial consiste à stimuler les capacités contestataires tout en introduisant la rigueur au stade de l'exécution industrielle »*. Cette mise sous tension des individus procure un stress constant qui est positif tant que la règle du jeu demeure claire. Si par exemple le niveau d'acceptation de l'erreur ou d'une expérimentation discutable est insuffisant, le risque existe de voir les initiatives prises sanctionnées plus ou moins formellement. Un tel comportement aurait pour conséquence d'étouffer durablement toute expression d'idées nouvelles dans l'entreprise.

Animer la résilience demande une attitude constante de veille des potentiels non-reconnus. Elle exige du manager d'établir une relation qui soit à l'abri des aléas de la vie économique de l'entreprise et qui persiste au-delà des difficultés. Cette permanence est décisive pour mobiliser, dans les phases de sursaut de l'entreprise, toutes les énergies créatives. Cette attitude répond au besoin d'être reconnu, au besoin d'être rassuré sur la place que l'on occupe, au besoin de renforcer le sentiment d'appartenance au groupe. Ces marques d'intérêt tisseront une relation plus confiante, quel que soit le sort de l'entreprise. L'attention qui consiste à donner à chaque collaborateur une vision d'ensemble du projet et de son rôle personnel dans l'entreprise apparaît vitale. Elle ouvre de nouvelles occasions d'apprentissage par le dialogue pour faire progresser les

---

63. Louis Schweitzer, « Le capitalisme en question », *Enjeux*, Avril 2002.

individus et l'organisation. Le sentiment d'avoir quelqu'un qui croit en vos capacités ne peut que consolider l'estime de soi. Dès lors, si l'entreprise est menacée dans son existence, la lutte pour sa survie sera plus entière. Si l'entreprise est condamnée et disparaît, la confiance en soi restera un capital précieux pour rebondir.

Dans l'adversité, le rôle du patron et du manager sont déterminants. Un patron britannique témoigne[64] sur la qualité de l'exemple : « *Durant les périodes de crise, le patron doit conserver un sens de la perspective. Alors que je participais au BT Global Challenge à la voile, un des mes coéquipiers avait le sentiment permanent que sa vie était en danger. Par exemple, il refusait de se changer et conservait sa combinaison pendant son quart sur le pont et allait dormir avec une combinaison mouillée et sale. Il anticipait à chaque moment le pire et communiquait son angoisse au reste de l'équipage. Pour contrebalancer son attitude, j'ai volontairement fait grand bruit de mes changements de combinaison de voile pour aller dormir dans un pyjama sec. Parfois, il est difficile de dire tout ira bien quand il est évident que la situation est critique. Mon attitude confiante, respectant également le sentiment de l'équipage, a permis de mettre en perspective notre course difficile* ».

Un patron français[65] est venu apporter aux équipes d'Andersen des mots de reconnaissance décisifs dans un moment critique : « *J'ai toujours rejoint des entreprises où les choses étaient données perdues d'avance (...) ce qui m'a toujours enthousiasmé a été le défi individuel et collectif. La valeur de Thomson Multimédia a été estimée par un ancien Premier ministre au-dessous du niveau de la mer, aujourd'hui nous sommes l'un des leaders mondiaux et nous réalisons près de 60 % de notre activité aux États-Unis* ». Il ajoute à l'adresse du personnel d'Andersen : « *Vous*

---

64. Simon Walker, PDG de Challenge Business.
65. Thierry Breton, à l'époque PDG de Thomson SA et Thomson Multimedia.

ne pensiez pas faire partie des refondateurs d'Andersen ; les événements vous offrent une magnifique occasion de laisser une trace et de reconstruire cette entreprise. Vous avez notre confiance, fruit d'années d'efforts et de travail rigoureux, que vous avez menés dans nos entreprises ».

L'histoire en décidera autrement puisque Andersen ne survivra pas aux retombées de l'affaire Enron. Toutefois, ces mots resteront importants dans la mémoire et les cœurs de tous ceux qui auront à rechercher de nouvelles occasions d'emplois après la chute de l'auditeur.

La reconnaissance est un facteur clé de la résilience. Au lendemain des attentats contre le *World Trade Center*, la société Merrill Lynch tente de regrouper ses 9 000 employés dont les bureaux voisins des tours sont inutilisables. Le patron, Winthrop Smith, a admis que le soutien spontané de clients, de partenaires et de concurrents exprimé par des centaines d'appels, de fax et de *e-mail* a été essentiel dans la mobilisation des énergies. Il est à noter que pas un seul des messages en provenance de clients n'a porté sur une inquiétude concernant la situation de leur compte ou bien un risque relatif à leurs investissements.

Hors du cadre de l'entreprise, et surtout lorsqu'elle a failli, comment animer le potentiel de ceux qui se sentent mis à l'écart ? Sur le plan des politiques sociales d'accompagnement, l'idée d'agir sur les potentiels individuels progresse. La réinsertion par l'économique donne de réelles chances de reprendre une vie au travail. La concrétisation d'une activité marchande (que l'on soit créateur d'entreprise ou CDD) représente la meilleure voie de réparation de la confiance en soi. L'enjeu de notre système économique n'est-il pas de soutenir directement les blessés de la vie économique, mais surtout de protéger leur espérance réaliste dans la capacité du marché à reconnaître et faire vivre leurs initiatives ?

Conclusion
Vers une économie résiliente

Les acteurs économiques, pour survivre dans un contexte de forte incertitude, doivent compter sur l'énergie résiliente et la combativité de tous. Cette attente intervient alors que l'on constate que notre fonctionnement économique s'est traduit par une considérable déperdition d'énergie créative et un gaspillage de ressources humaines. La France figure parmi les pays industrialisés où la proportion des jeunes actifs et des « seniors » actifs dans le total de la population active sont les plus basses. Pire, la France est en queue de peloton dans le classement européen relatif à l'effort de formation professionnelle continue.

Ce constat indique un défaut d'anticipation des nouvelles conditions d'emploi qui se mettent en place dans une économie industrialisée à la population active vieillissante. Les tensions qui vont naître pour satisfaire les besoins de compétences des entreprises vont modifier la donne. Déjà, certaines entreprises peinent à recruter. Certaines se heurtent au défi que représente l'insertion de jeunes, que le monde scolaire puis du travail, a rejetés. Or, l'entreprise n'est pas outillée pour contribuer à faire émerger les qualités résilientes de ces jeunes, leur permettant d'entreprendre un développement professionnel normal.

Heureusement, des initiatives de réinsertion par l'économique nous confirment que la greffe économique qui consiste à mettre des chômeurs en situation de responsabilité, en charge de leur destin, apporte des résultats très positifs.

227

Pour raviver les braises de résilience des personnes qui sont temporairement ou plus durablement écartées d'une activité économique, il faut souffler dessus à bon escient. Cela signifie qu'il faut comprendre le processus progressif qui se met en place dans les entreprises et l'économie, qui va du sentiment d'être écarté aux difficultés de retrouver un emploi rémunéré. Le mécanisme de disqualification s'amorce avec le déclin de l'adhésion, la chute de l'implication, l'installation d'un mal-être, et débouche sur la démission et la perte d'emploi. Pour ceux qui sont privés d'activité, le défaut d'attention porté à leurs qualités et à leur formation professionnelle quand ils étaient actifs a des conséquences lourdes. La forte demande de protection sociale de ces *condamnés* de la vie économique signifie qu'ils rencontrent trop difficilement un environnement favorable à l'expression de leur résilience.

Alors qu'il était confortable d'accuser le capitalisme et son fonctionnement inflexible, on découvre aujourd'hui l'intérêt économique de réduire le gâchis de ressources humaines et de jeter les bases d'une économie moins cassante et plus résiliente. Une économie qui accorde (enfin !) une attention plus grande au potentiel de chacun ; une économie qui réduise les mises au rebut de ses ressources humaines en recherchant les éléments positifs, même les plus ténus, pour remettre en situation professionnelle ceux qui pouvaient en être écartés ; une économie qui développe tous les mécanismes d'acquisition des connaissances permettant aux hommes d'apprendre tout au long de leur vie professionnelle afin d'entretenir leur employabilité.

L'enjeu est de survivre au jeu constant de *construction-destruction-reconstruction* du capitalisme. Le système offre des chances de recommencement, mais qu'il faut savoir saisir et favoriser. Un ensemble de rigidités et d'entraves retardent souvent les adaptations nécessaires.

Il est en effet difficile de laisser une chance aux entrepreneurs qui apportent des innovations quand les barrières à l'entrée des marchés sont artificiellement élevées. Par ailleurs, la relation qui s'affermit entre la croissance et l'innovation exige une mise en ébullition permanente des économies et des entreprises, collectivités qui se sont longtemps opposées à l'originalité des individus.

Dans les entreprises, l'idée de donner une chance à la créativité progresse, mais encore difficilement. L'écoute de ceux qui sortent du rang et qui pensent autrement s'installe prudemment. Des espaces de liberté sont aménagés pour que s'exprime un « désordre créatif » afin de favoriser un mouvement permanent de création et d'innovation. Le regard que l'on porte sur les initiatives individuelles change, comme change le regard que l'on pose sur le potentiel des collaborateurs de l'entreprise. Ce regard, qui est destiné à mieux reconnaître les qualités et les compétences, s'avère essentiel pour animer les énergies créatrices lorsque l'entreprise doit se renouveler. Cette confiance, qui renforce l'estime de soi, peut libérer des forces de résilience collectives dans les moments cruciaux de la vie de l'entreprise. Nous voyons aussi des entreprises où l'enclenchement de cette résilience ne s'effectue pas. Incapables de renouveau, elles disparaissent.

Le marché, porteur d'espoir

Dans une économie où les entreprises ne garantissent plus d'emploi à vie et où l'existence même des entreprises demeure fragile, il devient important de pouvoir compter sur soi.

L'économie de marché et la résilience offrent un point commun. Leur fonctionnement dépend pour une large part de l'imaginaire des individus à envisager un meilleur futur en comparaison du vécu difficile qu'ils traversent. Leur salut commun repose sur la capacité à saisir l'occasion de concrétiser cet imaginaire. Dans le cas de l'entrepreneur, le goût de créer, puis d'obtenir du marché la reconnaissance matérielle de ses idées, participe à sa réalisation personnelle.

Pour ceux que les destructions laissent de côté, l'espoir peut venir du marché. Dans l'économie de marché, il est le lieu d'appréciation, sans complaisance, de la valeur des choses en fonction de leur utilité. À la condition d'en accepter la sanction, qu'elle soit positive ou négative, le marché joue le rôle d'arbitre objectif de l'intérêt économique des initiatives individuelles et collectives. Sa fonction est d'offrir une perspective, celle de la réalisation de tous les possibles. La réussite répare alors le traumatisme de leurs difficultés.

Sur le plan des politiques sociales d'accompagnement, des aménagements doivent être trouvés pour élargir l'accès à cette greffe économique qui offre une vraie chance de reprise d'activité économique. Pour cela, il paraît impératif de décloisonner les logiques sociales et économiques pour une approche plus pragmatique afin de mieux combattre « *les inégalités des potentiels de chacun* »[1].

Une économie résiliente ne signifie pas que les entreprises ne connaîtront pas de remise en question ni de restructurations pour faire face à des changements de rythme d'activité ou de technologies. L'emploi ne sera pas moins fragile, mais le degré d'employabilité sera plus grand en raison d'un effort d'investissement plus soutenu dans l'acquisition permanente de nouvelles compétences. La vraie protection contre l'adversité viendra de la formation qui renforcera la confiance en soi. Les difficultés de traiter « à chaud » les plans sociaux

---

1. Selon l'expression d'Éric Maurin, *L'Égalité des possibles, op. cit.*

© Éditions d'organisation

de personnels peu qualifiés donnent la mesure des enjeux. Désormais, les entreprises et les économies se distingueront par leur capacité à créer de l'avenir pour permettre à chacun de mieux valoriser son potentiel.

En changeant le regard sur leurs richesses humaines, les entreprises et les nations libèreront les qualités de résilience, c'est-à-dire d'adaptation et de créativité, qui participeront à leur renouveau économique. Pour que la résilience s'active, c'est l'attention qui sera portée au « possible » de chaque individu, y compris de ceux que le système a mis de côté, qui devra être profondément changée. Les forces les plus ardentes ne sont pas toujours les plus visibles ou celles qui s'imposent immédiatement. Face au changement, l'apport de ceux qui ont été confrontés à l'adversité, parfois à l'échec, peut représenter un capital d'expérience déterminant. Le réveil de ces énergies dépend souvent d'un simple signe, d'une écoute, ou d'une aide au recyclage professionnel qui redonnent un sens à la vie active.

En s'accélérant, le mouvement de destruction créatrice propre au capitalisme est appelé à changer. Tandis qu'il reposait sur un fonctionnement économique « cassant », privilégiant dans son ébullition l'exclusion plutôt que la réinsertion, il doit passer à un mode offrant plus de chances de recommencement à ceux qu'il écarte. Dans la perspective d'une plus grande rareté des ressources humaines, l'énergie résiliente ne peut plus rester une énergie gâchée, car perdue. Trop de blessés de la vie économique n'activent jamais leur résilience, faute d'en avoir eu l'occasion. En s'inspirant de l'idée exprimée par Martin Buber, ne faut-il pas mieux chercher sous les cendres d'une économie destructrice, le feu de son renouveau créatif ?